萌芽的科学技術と市民

フードナノテクからの問い

立川雅司・三上直之【編著】

日本経済評論社

はしがき

　われわれが日常生活を送るなかで，食べることは欠くべからざる毎日の基本的な活動である．食の問題は，あまりにも日常的な行動や価値観に埋め込まれているため，そこにこれまで思いもしなかったリスクや懸念が生じると，様々な社会的反応が生じることになる．メディアなどによる報道の仕方によっては，大きな社会的論争に結びつくこともある．科学技術と社会との関係が，近年になり見直されるようになってきているが，こうした関係自体が改めて検討の俎上にのぼることになったきっかけの多くが，食に関わる問題であったことは，興味深い．すなわち，BSE 問題や遺伝子組換え（GM）作物をめぐる論争などであり，食に関わる問題であることが，科学技術を広く社会の中で問い直す背景でもあったといえよう．こうした論争は主に欧米諸国を中心に展開され，科学技術をめぐる開発方向やガバナンスに市民や社会がどのように関与することができるか，議論が積み重ねられてきた．東日本大震災を経験した日本は，新たに低線量被ばくと食料生産という課題に向き合いつつ，原子力や放射線の問題を議論している．日本におけるこの経験が果たして，科学技術と社会をめぐる新たな地平を拓くことができるかどうか，世界は注目しているといえよう．

　本書で取り上げるテーマも，フードナノテクノロジーという，食に関わる科学技術である．ただし，その研究開発や応用は始まったばかりの段階であり，萌芽的科学技術と位置づけることができる．したがって，科学的知見の蓄積や制度的枠組みに関する検討も，まさに現在進行形の状態である．その検討においては，過去の BSE や GM 作物をめぐる論争から得られた経験や教訓も活かされているように見られる（ただしそうでない側面もある）．そもそも BSE や GM 論争が生まれる前においては，「科学技術と市民」とい

う発想そのものが希薄であったと考えられるからである．ただ，まだ試行錯誤は続いているということもできる．萌芽的科学技術に対して，どのようなプロセスのもとでガバナンスを形成するのか，またその過程における市民の役割はなにか，この点が本書のテーマそのものであるが，その明確な答えをいまだ社会は手にしていない．本書はフードナノテクノロジーをひとつの事例として，これらの課題に向き合う試行錯誤の過程をたどったものと位置づけることができる．

　萌芽的科学技術は，将来も次々と様々な形をとって登場するであろう．そして食との接点を有する科学技術も今後も次々と開発されると考えられる．それぞれの国や社会は，過去の経験に照らしつつ，また学習を積み重ねながら，こうした萌芽的科学技術をどのように社会の中で位置づけていくかの対応を迫られていくことになろう．本書も，こうした試行錯誤のプロセスを社会的記憶の中に定着させよう，というささやかな試みである．将来振り返ったときに，フードナノテクノロジーが社会の中でたどろうとした軌跡がどのように評価されるだろうか．この点については，現時点では不明としか言いようがないものの，その評価のための証言材料を本書が提供できるとするならば，望外の喜びといえよう．

2012 年 11 月 7 日　編者

目次

はしがき ……………………………………………………………………… iii
略号一覧 ……………………………………………………………………… viii

序章　本書の課題と背景………………………………………… 立川雅司　1

  1.　本書の目的と背景　1
  2.　科学技術・政策・フードシステム・市民　4
  3.　本書の構成　7

第Ⅰ部　萌芽的科学技術とガバナンス

第1章　萌芽的科学技術のガバナンスとその課題……… 立川雅司　15
　　　　－フードナノテクを事例として－

  1.　はじめに　15
  2.　ガバナンスの初期設定をめぐる交渉と主要な論点　18
  3.　上流と下流との相互作用とマッチング問題　22
  4.　日本におけるフードナノテクとガバナンス形成上の課題　26
  5.　ガバナンスと市民：可能性と課題　28

第2章　米欧の規制動向とガバナンス………………………… 松尾真紀子　37

  1.　はじめに　37
  2.　国際機関，欧米におけるフードナノテクをめぐる動向　38
  3.　ガバナンス上の課題　43
  4.　おわりに　50

第3章　ガバナンス形成における行動規範の意義 ……… 櫻井清一　57
　　　　－欧米諸国の動向と日本での適用可能性－

　　1.　背景と課題　57
　　2.　フードナノテクの現段階　58
　　3.　欧米における行動規範による自主的規制　59
　　4.　日本における行動規範を用いた自主的取り組みの導入可能性　64
　　5.　おわりに　67

第 II 部　萌芽的科学技術と市民参加

第4章　萌芽的科学技術に向きあう市民 …… 三上直之・高橋祐一郎　73
　　　　－「ナノトライ」の試み－

　　1.　本章の課題　73
　　2.　コンセンサス会議の難点と本研究でのアプローチ　75
　　3.　「ナノトライ〈NanoTRI〉」の設計　80
　　4.　ナノトライの実施経過と結果　83
　　5.　ナノトライの総括　103

第5章　媒介的アクターへの着目 … 高橋祐一郎・三上直之・立川雅司　109
　　　　－「市民的価値」をいかにガバナンスに接続するか－

　　1.　市民提案のゆくえ　109
　　2.　市民参加型会議の実施をとりまく諸困難　110
　　3.　媒介的アクターの位置づけ　114
　　4.　媒介的アクターに対するグループ・インタビューの企画　115
　　5.　媒介的アクターに対するグループ・インタビューの結果　116
　　6.　媒介的アクターへのグループ・インタビューの総括　122

第6章 専門家と市民の関係 ……………………… 山口富子 127
－語りが提起するもの－

1. はじめに 127
2. 問題の所在 128
3. 分析の枠組み 131
4. 「専門家と市民の対話」と「市民参加者間の対話」の比較 133
5. おわりに：参加型テクノロジーアセスメントの設計への試論 141

第7章 参加型手法研究の課題 ……………………… 若松征男 151
－東アジアにおける実践経験を背景に－

1. 本章の課題 151
2. 比較する日本，韓国，台湾の経験 153
3. 参加型イベント実践のイニシアチブと社会的背景 154
4. 参加型イベントの設営 157
5. 市民グループの討論の運営 159
6. おわりに 161

終章 科学技術への市民参加をめぐる諸課題 …………… 三上直之 165

1. 萌芽的科学技術のガバナンスと市民参加 165
2. 大震災後における科学技術ガバナンスと市民参加 171
3. ガバナンスの形成と科学技術コミュニケーション 174

［資料］ナノトライ　ミニ・コンセンサス会議　　　　　　　179
　鍵となる質問 179
　提言 182

［付表］フードナノテクをめぐる安全性規制関連の動き　　　189

あとがき 191

略号一覧

C of C（Code of Conducts）：行動規範
CoSTEP：北海道大学科学技術コミュニケーター養成ユニット
CSR（corporate social responsibility）：企業の社会的責任
DBT（Danish Board of Technology）：デンマーク技術委員会
Defra（Department for Environment, Food and Rural Affairs）：環境食料農村地域省（英国）
DG SANCO（Directorate General for Health and Consumers）：健康・消費者保護総局
EFSA（European Food Safety Authority）：欧州食品安全庁（EU）
EHS（Environment, Health and Safety）：環境・健康・安全
ELSI（ethical, legal and other Societal Issues）：倫理的・法的・その他の社会的課題
EPA（Environmental Protection Agency）：環境保護庁（アメリカ）
EU（European Union）：欧州連合
FAO（Food and Agriculture Organization）：国連食糧農業機関
FDA（Food and Drug Administration）：食品医薬品局（アメリカ）
FIR（Food Information Regulation）：食品情報規則（EU）
FSA（Food Standards Agency）：食品基準庁（英国）
GM（genetically modified）：遺伝子組換えの
GMO（genetically modified organism）：遺伝子組換え体
GRAS（Generally Recognized as Safe）：規制上一般的に安全とみなしうるとされるもの
I2TA：「先進技術の社会影響評価（テクノロジーアセスメント）手法の開発と社会への定着」（プロジェクト名）
INFOSAN（International Food Safety Authorities Network）：FAO/WHO で

運営する食品安全規制当局者の国際的ネットワーク
IRGC（International Risk Governance Council）：国際リスクガバナンス協議会
KISTEP（Korea Institute of S&T Evaluation and Planning）：韓国科学技術評価・計画研究所
JRC（Joint Research Center）：欧州共同研究センター（EU）
RIA（Regulatory Impact Assessment）：規制影響評価
NACS（Nippon Association of Consumer Specialists）：公益社団法人 日本消費生活アドバイザー・コンサルタント協会
NGO（Non-Governmental Organization）：非政府組織
NNI（National Nanotechnology Initiative）：国家ナノテクノロジー・イニシアティブ（アメリカ）
NPO（Non-Profit Organization）：非営利団体
PA（public acceptance）：社会的受容
pTA（participatory technology assesment）：参加型テクノロジー・アセスメント
RA/RAE（Royal Society/Royal Academy of Engineering）：王立協会／王立工学アカデミー（英国）
SCENIHR（Scientific Committee on Emerging and Newly Identified Health Risks）：新規の及び新たに特定された健康リスクに関する科学委員会（EU）
STS（Science, Technology and Society）：科学・技術・社会
TA（technology assessment）：テクノロジー・アセスメント
TSCA（Toxic Substances Control Act）：有害物質規制法（アメリカ）
USDA（United States Department of Agriculture）：アメリカ農務省
WHO（World Health Organization）：世界保健機関
WWV（World Wide Views）：デンマークDBTの主導による世界市民会議

序章
本書の課題と背景

立川 雅司

1. 本書の目的と背景

　本書の目的は，ナノテクノロジーを応用した食品関連製品（以下，フードナノテク[1]と呼ぶ）など，革新技術を応用する製品が登場しつつあるものの，いまだ規制政策が形成途上にある段階において，市民や業界など関係ステークホルダー間において，どのように望ましいガバナンスを形成しうるかについて，国際動向に関する知見を集積しつつ，その可能性と課題を明らかにすることにある．

　ここでいうガバナンスとは，研究開発およびその商品化，販売における審査・格付け・表示など，研究開発から製品の製造・流通販売・消費に至る全過程に対して，どのような情報提供，品質・安全管理，統制等を行うかに関するメカニズムを指す．特に本研究においては，ナノテク応用食品に関するフードシステムに関わる製品開発およびその製造・流通・販売・消費に関わる，品質・安全管理や消費者への情報提供のあり方に注目する．

　ナノテクノロジーおよびナノサイエンスは，エレクトロニクスから医薬，建築，エネルギーなど産業分野の幅広い分野において革新的な技術をもたらすことが期待されている萌芽的科学技術である．ナノとは，10億分の1メートル（10^{-9}m）の長さの単位であり，こうしたナノ・スケールで分子や原子を意図的に操作・加工することにより，新たな機能を持たせた材料やデバ

イスを作り出す技術をナノテクノロジーと呼ぶ．人間の毛髪の直径が0.05～0.1 mm，すなわち 5 万～10 万 nm（ナノメートル）であることを考えると，いかに微細なレベルでの科学技術であるかが分かる．ナノ・スケールにおいては物性が変化し，たとえば電導性，反応性，強度，色調等が変化することが知られている．ただし，その変化は事前に予測することが難しいこと，また少しの大きさの変化で不連続的に変化する可能性がある．物理学者のリチャード・ファインマンは，こうした様々な科学的可能性（フロンティア）が微小なレベルに広がっていることを早くから指摘したことで知られている（池澤 2001）．

　ナノテクノロジーは，このように材料分野に様々な可能性を広げるものとして，大きな注目を集めてきたが，食品や農業分野も例外ではない．とくに食品分野に関しては，単に直接食べるものだけではなく，包装資材などにもナノテク[2]の応用が展望されている（USDA 2003；中嶋・杉山 2009）．フードナノテク全体の市場規模は，今後急速に広がり 2030 年には 2,500 億円規模になると，経済産業省の委託調査では試算されている（富士経済 2006）．

　ナノテクノロジーが食品分野に応用されるのは，主に次のような効果が期待されているためである（東レリサーチセンター 2010）．すなわち，食品素材のテクスチャー（食感）の改良，食品素材や添加物のナノカプセル化，新しい味や感覚の創出，フレーバー放出の制御，栄養成分のバイオアベイラビリティー（生物学的利用率）の増強などである．食品包装においては，機械的特性，バリア性，抗微生物特性を改善した新しい材料の開発が進められている．包装された内容物の品質変化に的確に対応して，包装資材から品質劣化や病原体増殖を抑制するようなスマート・パッケージの開発などもこうした応用例のひとつである．

　またフードナノテクの利用は非常に多角的な分野にわたるが，Chaudhryら（2008）によれば，大きく 4 つのカテゴリーに分けることができる．すなわち，①食品成分そのもののナノ化やナノ構造の利用，②食品添加物における利用（ナノカプセルなど），③食品容器包装資材における人工ナノ材料の

利用，④ナノセンサーなど装置や材料における利用，である．前二者は直接的に口にするものであるのに対して，後二者は食品製造や流通・管理の過程における利用である．欧米諸国においては，特に③の包装資材における利活用が今後大きな市場性をもつと期待されているが，他の分野も様々な応用が見込まれている．

実際，フードナノテクの市場化も少しずつ進んでおり，サプリメントや栄養機能食品，包装資材，加工食品等でナノテクが適用され実際に販売されている．現在のところ，フードナノテクに関する明確な制度的定義が存在しないため，概括的な把握しかできないものの，アメリカの民間財団 Woodrow Wilson Center による把握（製品インベントリー）[3]によれば，食品および飲料関連（Food and Beverage）[4]として，105品目がリストアップされている（製造国としては，アメリカ以外では，韓国と中国の製品が目立つ）．

このような動向に対して，海外の環境 NGO などの中には商品化に際しての安全性審査の義務化，安全性評価研究の拡充，消費者の選択を確保するための表示の義務づけなどを訴え，これらの規制が整備されるまでは市場流通させるべきではないとしてモラトリアムを主張する団体もある（ETC Group, Friends of the Earth 等）．日本においてはこのような運動団体の主張はまだ見られないが，今後の海外動向に触発されて批判的な声をあげる団体が生まれないとも限らない．このような展開をとげた場合には，第2の遺伝子組換え食品論争ともいうべき事態を引き起こし，今後のナノテク応用食品をめぐるフードシステムのあり方や技術革新の方向性にも大きな影響を与えかねない．

しかし，政策策定サイドに関しては，第2章でも詳述される通り，米欧においても徐々に検討されつつある段階にあるものの，フードナノテクに対して明確な規制導入に至った例はまだほとんどないといえる（例外としては，EU における食品添加物規則と食品情報規則）．現在は，各国においてリスク管理のあり方について検討するとともに，リスク評価機関（欧州における EFSA など）における知見の蓄積が図られている段階である．アメリカと

EUとの検討スタンスにも相違が現れつつあり，今後の規制のあり方を考える上で，こうした動きから目を離すことはできない．また国際的な組織においても，FAO/WHO専門家会合や，NGOである国際リスクガバナンス委員会（IRGC）などにおいて，各種の情報収集および専門家の情報交換が行われている．

以上のように，技術開発が進展し商品化が進む一方で，懸念を表明する環境団体も登場し政策的対応を要請するものの，行政部局においては，リスク評価上の知見や規制上の定義も存在しないために，具体的な対応を決められないというジレンマ状況が発生している．技術革新の進展とその応用に対しては，行政，業界，市民，運動団体等のそれぞれに異なった認識や期待が存在しており，これらを調整するガバナンスの仕組みが未形成であることが，今日の様々な課題やジレンマをもたらしていると考えられる．こうした萌芽的科学技術をめぐる課題やジレンマに関しては，第1章でさらに論じる．

以上のように，フードナノテクをめぐっては，技術革新とその応用をめぐるガバナンスのあり方が問われる局面に至っている．このような局面において望ましいガバナンスのあり方とはどのようなものか，またそのようなガバナンスを形成するうえでの課題はなにか，市民はどのような貢献を行いうるのか，これらに関する海外の状況も踏まえつつ，日本における今後の課題を明らかにすることが本書の目的である．フードナノテクに関するガバナンスのあり方については，市民や専門家の考え方，海外の動向，企業や団体の行為規範など，様々な角度から検討した．これらの検討の過程においては，各種の参加型イベントも実施したが，こうした参加型手法に関する方法的反省も交えつつ，本書の各章では，フードナノテクのガバナンス上の諸課題を明らかにしていく．

2. 科学技術・政策・フードシステム・市民

本書は，直接的には科学研究費補助金による6年間の研究[5]，およびフー

ドナノテクに関するテクノロジーアセスメントに関する研究（I2TA）[6]の成果に基づいている．科学研究費にもとづく最初の3年間の研究においては，模擬的テクノロジーアセスメントを実施し，フードナノテクに対する市民からの提言をまとめた[7]．この市民提言においては，ナノテクの食品への応用に対する積極的な提案の他，リスクや表示の必要性に関わる提言が企業および行政機関に対してなされている．しかし，現実においては，行政機関の対応はなお検討途上にあり，こうした市民からの提案について対応するという状況にはない．また企業にとっては，情報開示の義務がないことや公的な定義が存在していないことを背景として，研究開発や製品化においてフードナノテクに関する情報についてはほとんど開示されていない．いわば国内的には，行政機関も含めて公式的な議論が始まっていない段階にある．このような国内状況に対して，フードナノテクの専門家や各種ステークホルダーは，どのような認識を有しているのか，またどのような課題が存在しているのか，この全体的な見取り図を把握するために，テクノロジーアセスメントのプロセスをフードナノテクに適用しようとした試みが，I2TAによる研究である（フードナノテク実践グループ：上田昌文氏〔市民科学研究室〕がリーダーを務めた）．専門家パネル間の検討を通じて，フードナノテクをめぐる様々な課題，その中には，定義の困難さや安全性に関する科学的知見の制約，さらには管理・規制，情報提供等といったガバナンス上の課題も明らかとなった．この専門家パネルの結果は，「TAレポート」[8]としてとりまとめられた．

　このTAレポートで取りまとめられている通り，米欧など食品安全行政機関においては，政府や議会を中心としてリスクアセスメントやリスク管理に関する議論を積み重ねる一方，市民を含めたパブリック・コンサルテーションを実施したり，業界が自主的に基準やガイドライン，情報共有のスキームを策定するなどの動きが見られる．この意味で，米欧では，政府や議会以外にも様々なステークホルダーがガバナンス形成に向けて，多方面から努力を積み上げているのであり，日本国内の動向とは対照的な動きを見せつつあることが改めて確認されたといえる．そこで，科学研究費の後半3年間の後

継課題においては，引き続き各種の情報収集を行うとともに，日本の現在の状況におけるガバナンスのあり方をさらに別の観点から検討するために，消費生活アドバイザー・消費生活コンサルタントという，企業と消費者の間を媒介する役割を果たす専門家（媒介の専門家）に対して，グループ・インタビューを行った（詳細は第 5 章参照）．ナノトライでの市民提言と，I2TA の専門家パネルの報告書の 2 つの性格の異なる報告を検討素材とすることを通じて，最終的には日本におけるフードナノテクのガバナンスをめぐる今後の課題について引き出すことを目的とした取り組みであった．その中では，日本のフードシステムを前提として，フードナノテクを導入しようとする場合，いかなる点に留意すべきか，実行可能な対応はありうるのかといった議論がなされた．結果として，開発企業による情報提供のあり方や，消費者団体が発意し，政府に働きかけ，業界による第三者認証を発足させることなどの方策が提起された．こうした提案は，媒介の専門家としての，政府や食品業界，技術開発状況に対する現状認識を踏まえた，現時点での実行可能な方針として提起されたものであり，それ自体としてひとつのガバナンス・モデルを提起するものとなっている．

とはいえ，本研究で実施された過程は，日本におけるフードナノテクのガバナンスを検討するうえでのひとつの試行的実践であり，様々な限界も有している[9]．わが国においても海外のナノ・フードシステムをめぐるガバナンス関連情報を引き続き情報収集するとともに，市民からの提言をステークホルダー間の対話に活用しつつ，あるべきガバナンスの仕組みや手続きに関して，関連する行政部局や業界団体を含めて積極的に討議していくことがまさに今日求められている．

そのためには，研究面でも，さらに別の面からの蓄積が求められているといえる．これまでフードシステムとその安全性をめぐる研究に関しては，BSE 以降における食品安全政策の変化とその意義に関して多くの蓄積が存在する（新山陽子，中嶋康博，松木洋一らの研究）．またフードシステムにおける民間主導のガバナンス形成に関しても，安全性に関しては，HACCP

の導入やその効果，GlobalGAP など農産物調達に関わる品質管理基準の導入とその対応といった観点等から多数の研究蓄積が存在する．また広い意味でのフードシステムをめぐるガバナンス形成に関しても，従来からの農産物流通論や産地戦略論など，マーケティング的な観点からの研究成果は多数あり，重要な研究分野を形成している（斎藤修，佐藤和憲，木立真直らの研究）．技術革新のフードシステムへの影響という観点では，情報技術の導入効果やトレーサビリティとの連動性，遺伝子組換え作物の導入によるフードシステムの変化等の研究も行われてきた．

　しかし，本書が今回扱ったような革新技術の導入によるステークホルダー間の様々な期待に即して，市民参加的観点をフードシステムのガバナンス形成に活かしていくための手法の検討やその実践に関わる研究，さらにはこのような視点からの国内外のフードシステム・ガバナンスのあり方に関する情報収集・解析は，従来の研究においてはほとんど存在していなかったと考えられる．例外的な研究としては，ドイツにおける市民参加（プランニング・セル）による食品安全政策の形成を取り上げた論考はあるものの（工藤 2007），革新技術に伴うものではないという点，また政府主導の政策形成が論考の主要対象であり，政府の関与が未決定の段階におけるガバナンス形成のあり方に関しては，これまで十分検討されてこなかった分野であるといえる．

　以上のような点から，本書が対象としている研究領域は，科学技術，政策，フードシステム，市民（消費者）の間の相互作用を検討しようとする分野であり，これまでほとんど検討されてこなかった領域に対して，手探りの試みながら，一石を投じようとするものである．

3. 本書の構成

　本書は全体で 2 つのパートによって構成される．第Ⅰ部（萌芽的科学技術とガバナンス）では，萌芽的科学技術としてのフードナノテク分野をめぐっ

て展開している国内外のガバナンスに関する検討状況と今後の課題に関して論じる．

第1章（萌芽的科学技術のガバナンスとその課題：フードナノテクを事例として）では，フードナノテクの事例を通じて，萌芽的科学技術のガバナンス上での特質と課題について検討する．萌芽的科学技術とは，いまだ社会のなかで実用化に至る以前，あるいは一般の理解が成熟する以前の科学技術と考えられるが，フードナノテクの事例に着目することで，そのガバナンスがどのような形で形成されていくのか，いわば科学技術ガバナンスの「初期設定」をめぐる交渉上の課題やジレンマを引き出すことができる．フードナノテクのように応用領域が食品のような科学技術の場合，食品産業がもつ特質にも配慮しなければならない．適用領域の特質が上流の科学技術開発のあり方を規定するという現象がみられる．こうした上流と下流との相互作用が，フードナノテクのガバナンスのあり方に影響をもたらしているといえる．

第2章（米欧の規制動向とガバナンス）では，主として海外におけるフードナノテクをめぐる動向を把握することで，ガバナンス上の課題を明らかにし，日本のフードナノテクへの対応および今後の新興技術の管理におけるインプリケーションを導出する．また特に活発に政策上の議論がなされている，国際機関，米国と欧州におけるフードナノテクをめぐる主要な動向について概観するとともに，フードナノテクをめぐる具体的な課題を踏まえたうえで，米国と欧州の規制アプローチの違いを整理し，今後のガバナンス上の課題について分析を行う．

第3章（ガバナンス形成における行動規範の意義：欧米諸国の動向と日本での適用可能性）では，主として海外の企業や業界団体によって取り組まれている行動規範に着目し，政府による規制が進まない中で，業界等がガバナンス形成の主導的な役割をいかに果たしうるのかについて検討する．まず，ナノテクノロジー（一般）分野における自主的な行動規範の作成と運用の実態を検討するとともに，現時点での行動規範に基づく取り組みの意義および限界を明確にする．さらにその上で，日本の食品産業においてこうした取り

組みを適用できるかどうか，予備的考察を併せて行う．

　つづいて，後半の第II部（萌芽的科学技術と市民参加）では，市民がいかに萌芽的科学技術に対して関われるのか，特に研究開発のあり方や規制など，新たに展開しつつある科学技術に対して，市民が果たしうる役割とその課題について，多角的に検討する．また実践事例から得られた経験を踏まえつつ，市民参加型イベントの設計手法に関する反省や改善についての知見も導き出す．

　第4章（萌芽的科学技術に向きあう市民：「ナノトライ」の試み）および第5章（媒介的アクターへの着目：「市民的価値」をいかにガバナンスに接続するか）においては，萌芽的科学技術をめぐって提唱されている「アップストリーム・エンゲージメント」，すなわち，フードナノテクのように上流段階にある技術に対する市民参加の可能性と課題について検討を行う．萌芽的科学技術の開発・応用の方向に対して，市民の価値観や倫理観，社会のありようが反映されていくような，そうした実質的な対話を生み出す場のデザインはどのようなものであろうか．こうした問題意識から，筆者らが取り組んだ複数の市民参加型のプロセスを分析し，その意義を考察する．研究グループとして実施した市民参加型プロセスは，大きく分けて2つ存在する．ひとつは，2008年に実施した，ミニ・コンセンサス会議と市民へのグループ・インタビュー，サイエンス・カフェという3つのイベントを含むイベントであり，「ナノトライ」と呼んでいる．もうひとつは，2010年に実施した，消費生活アドバイザー・消費生活コンサルタント（媒介的アクターと本書ではとらえている）の方々へのグループ・インタビューである．第4章では主として，「ナノトライ」の一環で実施されたミニ・コンセンサス会議の実施過程とその成果について，また第5章では消費生活アドバイザー・コンサルタントの方々へのグループ・インタビューの結果とそのガバナンス上の含意について述べる．

　第6章（専門家と市民の関係－語りが提起するもの）では，上記の参加型プロセスにおいて，市民が発話した内容について，言説分析等の手法を駆使

しながら，萌芽的科学技術に対して市民がどのようにとらえ，参加型イベントの中で相互作用を行っていくのか，こうした相互作用に見られる市民の認識の特性や含意，さらにはこうした市民の認識の形成が，科学技術コミュニケーションの観点から見た場合の意義や留意点が分析される．こうした分析から引き出される知見として，市民と専門家との対話がどのような状況において成立しうるのかという点について指摘し，今後の参加型プロセスの設計への示唆を得る．

　第7章（参加型手法研究の課題：東アジアにおける実践経験を背景に）では，参加型手法そのものに焦点をあて，科学技術と市民との相互作用という場が，東アジア地域でどのように広がりつつあるのか，またそこでの手法設計や適用にみられる国ごとの特質に着目し，筆者たちが実施してきた参加型手法の今後の実践にむけた示唆を得ようとするものである．日本ではコンセンサス会議の試行を初めとして，参加型手法適用が1998年に始まったものの，他の東アジアでも，ほぼ同時期に（もしくはやや遅れて）導入されるようになった．そこにはそれぞれの設計や運営上の特徴が見られるものの，特に台湾に見られるように，民主化という，より広い政治的な文脈も背景として存在しており，この点では，ガバナンスと市民との関係に変化をもたらす仕掛けのひとつとして，参加型手法が着目されているともいえる．

　最後に，終章（科学技術への市民参加をめぐる諸課題）では，以上を振り返り，萌芽的科学技術をめぐるガバナンスと市民による関与の可能性について総括的にまとめる．特に，東日本大震災後に発生した福島第一原発事故が突き付けた科学技術ガバナンスの（決定的敗北ともいえる）現況を踏まえて，今日の我々が直面する課題を改めて問い直す．様々な科学的不確実性の前で，このような参加型手法がどこまで民意形成と接点をもちうるのか，科学技術コミュニケーションの問題と関連させつつ，その意義と役割について考察する．

注

1) フードナノテクという用語以外に,「ナノテク食品」「食品ナノテク」「ナノテク関連食品」など,様々な名称が考えられるが,ナノテクノロジーの応用分野は「食品そのもの」に限られず,後述するように包装資材や加工技術などにも及ぶことから,本書ではこれら幅広い応用分野をカバーする用語として,「フードナノテクノロジー」(略称:フードナノテク)を使用する.
2) 英語文献でも,近年は「food nanotechnologies」として複数形を用いることが一般的となっている.ナノテクが単数形ではもはや語れなくなっていることの証左である.
3) 詳細に関しては,下記の Woodrow Wilson Center のウェブサイトを参照されたい. http://www.nanotechproject.org/
4) 食品および飲料関連の内容には,調理用(Cooking),食品(Food),保存(Storage),サプリメント(Supplements)が含まれている.
5) 科学研究費補助金「ナノテクノロジーが農業・食品分野に及ぼす影響評価と市民的価値の反映に関する研究」(基盤研究(B),課題番号:18380138,平成18〜20年度)および「ナノ・フードシステムをめぐるガバナンスの国際動向とその形成手法に関する研究」(基盤研究(B),課題番号:21380135,平成21〜23年度).
6) 科学技術振興機構・社会技術研究開発センター(JST/RISTEX)による研究助成を受けて,東京大学公共政策大学院・鈴木達治郎特任教授および城山英明教授を研究代表者として実施されたプロジェクト「先進技術の社会影響評価(テクノロジーアセスメント)手法の開発と社会への定着」(I2TA).
7) 提言の内容に関しては,本書巻末に収録した.詳しくは,北海道大学科学技術コミュニケーター養成ユニットの中の「ナノトライ」ウェブサイトを参照されたい. http://costep.hucc.hokudai.ac.jp/nanotri/
8) I2TA 2011:「フードナノテク─食品分野へのナノテクノロジー応用の現状と諸課題」(執筆:松尾真紀子,企画:立川雅司,編集:上田昌文). http://i2ta.org/files/TA_Report01.pdf
9) 特にフードナノテクに対する消費者の意識調査等の研究は,今回の研究ではカバーできなかった.海外の先行研究としては,Frewer et al. (2011) などを参照されたい.

参考文献

Chaudhry, Q. et al. 2008: "Applications and Implications of Nanotechnologies for the Food Sector," *Food Additives & Contaminants: Part A* 25 (3): 241-258.
Frewer, L.J. et al. eds. 2011: *Nanotechnology in the Agri-Food Sector*, Wiley-VCH.
富士経済 2006:『ナノテク関連市場規模動向調査報告書:平成17年度超微細技術開発産業発掘戦略調査』.

池澤直樹 2001:「ナノテクノロジー：アトム・ビット・ゲノムの邂逅」『知的資産創造』8月号，58-83．
工藤春代 2007:『消費者政策の形成と評価－ドイツの食品分野』日本経済評論社．
中嶋光敏・杉山滋編 2009:『フードナノテクノロジー』シーエムシー出版．
東レリサーチセンター 2006:『食品分野におけるナノテクノロジー利用の安全性評価情報に関する基礎的調査報告書』（内閣府食品安全委員会，平成 21 年度食品安全確保総合調査）．
USDA 2003: *Nanoscale Science and Engineering for Agriculture and Food System*, A Report Submitted to Cooperative State Research, Education and Extension Service, USDA.

第Ⅰ部　萌芽的科学技術とガバナンス

第1章
萌芽的科学技術のガバナンスとその課題
― フードナノテクを事例として ―

立 川 雅 司

1. はじめに

　科学技術のガバナンスをめぐる議論は，しばしば社会的な論争を喚起した科学技術（原子力技術，遺伝子組換え（GM）作物など）に対してなされてきた．しかし，科学技術分野はそもそもガバナンスという文脈で議論するのに適した分野である．これは，城山（2007）も指摘するように，科学技術分野における知識生産や利用，管理が，政府組織だけではなく，大学や研究所，学会等の科学者組織，成果を利用する産業・社会といった幅広い相互作用のもとで進められてきたことと関係する．科学技術分野のガバナンスは，政府（国際機関を含む）や専門家団体，業界・事業者，メディア，市民などが科学技術をめぐる活動に関与することにより，科学的知識の生産・蓄積，各種基準の設定，政策形成等が図られていく状況を指すものと理解できる．もちろん，この中には交渉や葛藤など，様々な形での相互作用が働いていると考えられる．

　本章では，第2章以降のイントロダクションとして，フードナノテクの事例をもとにして，萌芽的科学技術のガバナンスをめぐる諸課題について検討する．ここでいう萌芽的科学技術とは，いまだ社会のなかで実用化に至る以前の段階や，理解が成熟する以前の科学技術を指すものととらえられるが（山口・日比野 2009），こうした萌芽的科学技術に着目することで，科学技

術ガバナンスが形成される際に見られる種々の相互作用を明らかにすることができると考えられる．いわば，科学技術ガバナンスの「初期設定」がどのような形で準備されるのかについて，示唆を得ることができると考えられる．ここでいう初期設定とは，科学技術の適用分野の選択やリスク評価，リスク管理の手続きなどが含まれる．最初に設定された枠組みはその後の科学技術の推移に大きな影響をもたらすことから（履歴効果），こうした初期設定をめぐる相互作用はステークホルダーにとって死活を左右する問題ともいえる．

　以下では，フードナノテクを事例に取り上げることで，この萌芽的科学技術におけるガバナンスの初期設定においてどのような課題やジレンマが存在するのか，またこうした課題に対してどのように対処しうるのかについて事例に即して検討する．またガバナンス形成における市民関与のあり方とその課題に関しても検討する．そのうえで，萌芽的科学技術をめぐるガバナンス（特にリスク・ガバナンス）上の示唆を引き出す．

　具体的には次の点に着目しつつ，フードナノテクの提起するガバナンス上の諸課題について検討する．第1は，ガバナンスの初期設定が，重要な交渉ポイントであり，アクター間の様々な交渉や戦略的行動を引き起こすということである．ガバナンスの初期設定は，それ自体が様々なアクターの利害に直結するものであるため，またいったん確定した初期設定は，その後の環境が変化しても制度的ロックイン現象や粘着性（第2章参照）の存在のために変更が容易ではない．そこで様々なアクター間の交渉が，ガバナンスの基本的な要素（定義や政策対象の設定等）をめぐって，どのように展開するかについて，注意深く経過を見ていく必要がある．萌芽的科学技術に着目することで，こうした科学技術のガバナンス形成をめぐる交渉がどのように進行していくかについて，様々な示唆を得ることができる．こうした交渉は，日本においてはまだ十分進行しているわけではなく，むしろ海外において進展していると考えられる．ただし，日本においてそれほど進展していないこと，そのものが日本の規制機関が主体的に選択した結果ともいえる（後述）．

　第2の点は，上記の点とも関わるが，萌芽的科学技術をめぐるガバナンス

形成をめぐる交渉は，当該科学技術がどのように利用されるかという論点と切り離すことができず，適用領域の分野との相互作用において，ガバナンスの初期設定の模索が進行するという点である．科学知識の生産場面が，利用局面を具体的に想定するようになるや，そうした利用場面を支配する業界の特性が上流の研究開発分野との間で相互作用を始める．こうした相互作用を通じて，萌芽的科学技術のガバナンス形成は進むと考えられる．したがって，同じ科学技術分野であっても，応用領域が多方面にわたる場合には，応用される分野の違いによって（たとえば，食品分野か工業分野かなど），ガバナンスの初期設定のあり方が大きく変化することが想定される．とくに食品などへの応用が予期される場合には，ユーザーの立場となる消費者や市民の声が，初期設定の交渉過程において，強く発せられる可能性がある．要するに，萌芽的科学技術のガバナンスのあり方は，そのような科学技術の適用領域の幅広さや適用領域の特性にも留意しつつ，検討する必要があると考えられる．

　この点をさらに敷衍すれば，ガバナンスをめぐる交渉は，水平的かつ垂直的な関係の中で行われると考えられる．「水平的」とは，ガバナンスの基本的要素をめぐるアクター間の交渉であり，「垂直的」とは，萌芽的科学技術が下流においてどのように利用されるかをめぐる交渉である．この2種類の交渉は形式的には区別できるものの，実質的には不可分の関係で進行するものと理解できる．以下では，これらの点を端的に示す論点について，フードナノテクの事例から取り上げつつ，萌芽的科学技術のガバナンス形成が提起する諸課題について述べる．そこで次節では，ガバナンスの初期設定をめぐる諸論点ということで，まず水平的な関係における交渉に関して述べる．具体的には，定義や関連ステークホルダーの確定をめぐる課題についてである．第3節では，垂直的な関係に視点を移して，応用領域（下流）とのマッチングにおいて発生する課題について議論する．第4節では，現在の日本におけるフードナノテクをめぐるガバナンス上の課題について指摘する．そのうえで，最後の第5節では，以上から得られた知見をもとに，本書の全体的なテーマであるガバナンス形成と市民という点について，可能性と課題を指摘す

る．

2. ガバナンスの初期設定をめぐる交渉と主要な論点

　萌芽的科学技術をめぐって，どのようなガバナンスが形成されるのかという点は，先にも述べたとおり，その後の科学技術ガバナンスの初期設定を左右するものであり，様々なアクターの関心事項となり，交渉が行われることになる．ただし，ナノテクノロジーをめぐっては，その適用領域が広いこと，また科学技術分野として研究途上であることなどから，様々な不確実性が存在している．特に食品へのナノテク応用に対しては，比較的早くから健康や環境面でのリスクの可能性に海外の環境団体が着目し，規制導入の必要性が訴えられた（ETC Group 2004）．

　ガバナンス関連の研究においては，特に将来生起するリスクや災害に対する対応を想定する場合，「予期的ガバナンス」という考え方が提起されてきた．予期的ガバナンスとは，将来的に発生すると予期される事象に備えて行う様々な活動や努力をさすものである（Karinen and Guston 2010）．予期的ガバナンスに関しては，少数のアクターによるトップダウン的な計画はもはや有効ではないことや，意図せざる結果を常に伴わざるを得ないという指摘（Karinen and Guston 2010）からも想定されるように，様々なアクターの間での交渉が不可欠なものとなり，その結果についても暫定性や国ごとの多様性が伴うものとならざるを得ないと考えられる．特に萌芽的科学技術に対する予期的ガバナンスのように，明確なイシューや社会的合意が存在していない場合には，対応の範囲もまちまちとなり，仮説的な予測や，限定された情報によって，先駆的に関心を抱いた組織や集団がどのように交渉に参画するかという点がガバナンス形成に影響をもたらすと考えられる．

2.1 ガバナンス形成の課題：定義と政策対象設定

　ガバナンス形成の交渉においては，交渉の鍵となる重要な論点が存在する

と考えられる．たとえば，何を規制するべきなのか，ガバナンス（あるいは規制導入）の目的は何か，政策対象とする場合に法的規制を行うべきかどうか，そもそもリスクがあるのかどうか，ベネフィットはどうかなどである．第2章で詳述するように，欧米のフードナノテクをめぐる政策的検討も，こうした論点をめぐってなされた．ここでは，フードナノテクの定義と政策対象設定という論点を取り上げ，ガバナンス形成をめぐる課題とジレンマについて述べよう．

　ガバナンスの前提となる，政策対象の特定のためには，そもそも政策目的に応じた対象の設定，すなわち定義（範囲確定）が不可欠である．しかし，フードナノテクにおいては，広く国際的に合意されたナノ材料に関する定義が未形成である．定義が存在しないことが，リスクに関する系統的なデータ蓄積や分析上の公定法の策定を遅らせる，というジレンマが存在する．定義をめぐっては，様々な場での議論が続けられている段階である．特に定義に関しては，工業ナノ材料におけるサイズ（1~100nm）に基づく定義では，フードナノテクにおける特性やリスクを把握するのに不十分であり，一定のサイズの範囲外であっても（たとえば数百 nm），新規性が発現している場合には，規制対象に含めることができるよう，定義の仕方を工夫するという動きもみられる．

　また，フードナノテクの範囲が広汎であり，伝統的に消費されてきた食品であっても，定義によってはナノ材料に含まれてしまうことを考慮すれば，規制目的に沿って規制対象を絞り込むための対応も求められている．いわば対象特定（scoping）の問題である．そのための製品分類や，規制対象の絞り込みのための意思決定樹の策定が不可欠と考えられ，EU などで検討がなされつつある[1]．

　また，フードナノテクの製品にリスクがあるかどうかという点に関しても，科学的知見の蓄積途上の段階にある．特にリスクの有無は，サイズだけではとらえきれない側面が存在し，可溶性，（体積）比表面積，表面の化学特性などと関連して発現される新規性に着目することの重要性が指摘されるよう

になってきた（EFSA 2011）．要するに，リスクに関する知見が蓄積されるに応じて，新たな要素が定義や規制上の留意点に加えられる必要が生じるという関係がある．なお，リスクとして想定されているものとしては，過剰摂取，体内での吸収・分布・代謝・排泄（ADME）の異常（過剰蓄積や細胞内侵入など），トロイの木馬効果（ナノ物質が有害なものと結合して体内に吸収されてしまう効果），臓器や細胞への炎症，遺伝毒性などがある．科学的知見の蓄積は，規制対象の特定や定義とも不可分の関係（科学的知見の整理と政策上の整理が相互に影響を与え合っている）とみることができ，両者は，Jasanoff（2004）が指摘する「共生成」（co-production）の関係にあるともいえる（立川 2011）．

このような定義や対象設定をめぐっては，様々なアクターが独自の見解を公表し，交渉が行われている．こうした規制上の主なアクターは，政府機関や国際機関（FAO/WHO, Codex）であるものの，環境団体や業界団体等も自らの見解を提起している．たとえば，国際的な環境団体の「Friends of the Earth」は，300nmまでの粒子を含むナノ素材が含まれている食品について，規制対象とすべきことを提言している（Friends of the Earth 2008）．他方，アメリカ化学工業会（American Chemical Council）は，そもそも可溶性を有するものやミセルなどはナノ材料の定義から除外するべきとの提言を行っている．

ガバナンスの形態，特に規制にどの程度政府が関与するかは，フードナノテクの定義や規制対象の範囲，またこれらの食品に関するリスク情報によって左右されることはいうまでもない．また規制への政府の関与は，政府のリソースの大きさや監督権限の諸機関への分散状況，当該国の規制文化や慣習によっても影響される．規制への政府の関与は，直接規制から非介入まで，様々な手法が想定されうるものの[2]，フードナノテクにおいてどのような規制のあり方が望ましいのか，という点を確定するためには，情報や知見がなお欠けており，各国で模索が続けられているといえる．

また現時点では，フードナノテクに対する表示規制が存在しないことから，

表示規制を導入すべきであると前出の環境団体等は主張している．また現に欧州においても，ナノ材料を含む製品に対する表示規制が検討されている（第2章参照）．こうした主張を掲げるアクターが存在する一方で，企業の側では，ナノテクの利用を明示しない，あるいは表現を別のものに改めるという動きも存在する．この点は，次のステークホルダー確定の難しさという点とも関連する．

2.2　ステークホルダー確定の難しさ

フードナノテクにおける定義や規制対象の確定が上記のような事情から進んでいないことで，フードナノテクにおけるステークホルダーが誰なのかという課題も派生する．要するに，科学技術の萌芽性は，政策対象における流動性をもたらし，ステークホルダー特定において困難をもたらすといえる．特にこの点は，この技術の産業分野での応用領域が未確定であることとともに，規制方針が明確でないことや表示規制が存在しないことにより，前述のように企業側がステークホルダーとして特定されることを意図的に回避することからも発生する（Tachikawa 2012）．要するに，表示規制がないことで，企業はフードナノテクを使用しているという情報をあえて開示しないという行動にもつながる．実際，欧州等ではナノという名称が食品企業分野では回避される傾向がある（例えば，bottom-up self-assembly など別の用語が使用される）．そもそも何をもってフードナノテクと定義するかという方針が政府において明確でない間は，表示やリスク管理に関する交渉を行う場合にも，誰の声をステークホルダーの声として聞くべきかがはっきりしないという問題が発生する．要するに，萌芽的科学技術においては，政策対象が明確になるとともに，ステークホルダーも確定されるということができる．こうした場面にも，先に指摘した「共生成」（Jasanoff 2004）という側面が存在すると考えられる．

この点は，萌芽的科学技術に対する上流（アップストリーム）での市民関与（Royal Society 2004）を考える場合，非常に大きな困難を提起する問題

である．というのも，萌芽的科学技術をめぐるガバナンスに関して，様々な交渉が必要となる初期設定の段階において，ステークホルダーの確定が曖昧なまま推移する，という状況が生まれかねないからである．こうした状況において，どのように市民が関与しうるのか，誰に対してどのような働きかけをすればよいのかなどの課題が生じる．上流での市民の関与をめぐっては，様々な現実的な課題が残されていると理解できる．

3. 上流と下流との相互作用とマッチング問題

3.1 上流と下流との相互作用

萌芽的科学技術は，それ自体としては具体的な適用領域が未確定の段階にあると考えられる．特にこの点は，萌芽的科学技術が様々な分野に応用される技術群として展開していく場合に当てはまると考えられる．萌芽的科学技術が展開するにつれて，適用領域が具体的となることで，そうした適用領域との相互作用が（時として事後的に）生じることになる．適用領域の特性や，アクター間の関係がここで影響を及ぼすことになると考えられる．要するに科学技術の利用や適用をめぐるガバナンスは，その利用が行われるセクターの特徴が強く影響すると考えられる．特にGM食品の経験からも指摘できるように，新たな科学技術が食品分野への適用に向かう場合においては，こうした点への留意が不可欠であろう．そこで，この点について次に述べよう．

3.2 食品分野への科学技術適用の留意点

食品分野に適用される場合の留意点としては，日常的に体内に摂取することで特に大きな関心が寄せられる．食生活や食文化との関連性も大きな関心事項である．通常の食生活を続けるなかで，そこに新たなリスク要因が加わることは消費者の懸念を呼び起こすことになる．国によっては宗教上の価値観や儀礼が食品選択に重要な意味をもつことも周知の事実である．

さらに食品への適用においては，こうした食べることから派生する課題や

懸念に対して考慮するだけでなく，食品供給を行う企業が有する産業組織上の特徴にも配慮する必要がある．フードシステムの特徴について考慮する必要と言い換えてもよい．たとえば，食品流通業が寡占化している欧州などにおいては，GM 食品反対運動は，流通企業を集中的な攻撃対象（不買運動やブランド攻撃等）とすることで，商品棚から GM 関連製品を排除するキャンペーンを効果的に進めたという経験をもつ（Schurman and Munro 2010）．このように産業分野ごとに，製品市場や流通システムの特性が存在しており，運動団体などが，「代替的な政策実現手段」（Politics by Other Means）を行使する背景ともなっている（Schweikhardt and Browne 2001）．その意味で，サプライチェーン全体をカバーするガバナンスのあり方を考えることが，非常に重要であるといえよう（Busch and Lloyd 2008）．

以上のように，萌芽的科学技術がどのような領域に応用されるかに関しては，純粋にテクニカルな課題というよりも，様々な政治・経済・社会・倫理的要因が関わる領域でもあると考えられる．従来の科学技術社会論においても，こうした科学技術の社会導入をめぐる様々な社会的文脈を解きほぐすという研究が蓄積されてきた（たとえば，Bijker による自転車の導入に関する研究）．また参加型テクノロジーアセスメントの研究も，こうした科学技術の社会導入に関して，適切な応用領域の発見や，ニーズとのマッチングに貢献できる可能性を有すると考えることができる（立石 2011：249-251）．

フードナノテクに関しては，ナノテクを食品分野にどのような形で適用していくか，あるいは食品分野に適用することを前提としてどのような技術開発であれば許容されるかという点が，ガバナンス形成の交渉ポイントとなる．第 II 部で議論される参加型テクノロジーアセスメントの取り組みは，こうした技術と適用分野のマッチングを図ろうとした先駆的取り組みと位置づけることができる．詳しくは，そこでの議論に譲るものの，フードナノテクにおける開発方向や開発される製品に対する期待について，市民から具体的なニーズが提起されており，開発側の技術開発方向とのマッチングの具体的内容が市民から提起された点は，意義があると考えられる．実際，こうした期

待が市民の間で提起されたことに対して，参加型イベントに参画した研究開発者からも好意的な評価が述べられており，萌芽的科学技術における上流と下流のマッチング機能に，こうした参加型手法が貢献できるという点が示された．

3.3　リスクガバナンス・フレームワーク論からの示唆

　様々な分野でのリスクガバナンス・フレームワークを提言しているRennの提案（Renn 2008; Dreyer and Renn 2009）は，上記のような新技術と社会的関心とのマッチングを直接的な目標としているわけではないものの，こうした関心にもこたえる仕組みを内包していると理解できる．食品安全分野を想定したリスクガバナンス・フレームワークでは，概略次のような4つのステップがとられる．すなわち，「フレーミング」（技術的・制度的条件を踏まえて評価手続きを策定する），「アセスメント」（管理の決定に必要な各種の情報の収集・総合・検討を行うもので，課題の性質によりリスク評価だけでなく，社会経済的懸念の評価も実施），「エバリュエーション」（評価の結果に対して，受忍可能性や受容可能性に関する価値判断を行う），「マネジメント」（食品安全管理に関する意思決定・実施・監視を行う）である．こうしたステップを有するリスクガバナンス・フレームワークは，とくに社会的評価や制度的位置づけがあいまいな萌芽的科学技術を考える場合，非常に有効な枠組みと考えられる．具体的には，①リスクを社会の中でどのように位置づけるかという「フレーミング」をリスクガバナンスの最初のステップとして重視していること[3]．②社会的な懸念に対する評価（Concern Assessment）をリスクガバナンスのプロセス中の明確なステップとして位置づけていること．③単なる複雑性や不確実性だけではなく，価値観によりアクターごとに評価が分かれるような問題が存在することを明示し，こうした曖昧さ（ambiguity）に関して明示的に指摘するとともに，それぞれの課題の特性ごとに検討方法に関しても提言を行っていることである．その意味で，萌芽的科学技術の展開とその適用分野とのマッチングをめぐって交渉する場合

に，このリスクガバナンス・フレームワークが提示しているステップとその論点は，示唆に富む[4]．

3.4 ガバナンス形成の効果とその含意

科学技術ガバナンスが社会的に確立されることの重要性に関しては，城山（2007）が指摘しているように，ガバナンスの確立を通じて，①リスク管理（リスクと便益），②価値問題に関する判断，③知識生産の促進が全体として促されることが期待されている．①リスク管理とは，科学技術がもたらすリスク（および便益）の明示化（評価）とその管理を行うことであり，多面性やトレード・オフに留意しながら進めることが課題となる．②価値問題に関する判断とは，いわゆるELSI（倫理的・法的・社会的含意）に関わる判断や，社会ヴィジョンなどに一定の方向性を示すことを意味する．そして③知識生産の促進とは，学問や研究の自由のあり方を含む，知識生産を促進する環境や組織が形成される，という点である．ガバナンスを形成することは，このように科学技術を社会の中で定位させるうえで重要な役割を果たすものといえる．

ただ，ガバナンスがもたらすこのような効果は，ガバナンス形成過程の交渉に参画した様々なアクターが要求し交渉した結果として実現されているものと理解できる．要するに，ガバナンス形成をめぐる交渉の中で様々なアクターがそれぞれの立場から要求・交渉したことが，このような効果をもたらしたのであり，その交渉プロセスについても注意を払う必要があろう．萌芽的科学技術においては，トランスサイエンス的課題も含めて，まさにガバナンスの初期設定をめぐるアクター間の様々な駆け引きが展開されていると考えられる．ガバナンスは絶えざる交渉の対象でもあり，おそらく社会経済的状況が変化するなかで，科学技術のもつ意味合いや位置づけも変化することで，ガバナンスは絶えざる交渉の対象になると考えられる．そしてこの初期設定は，その後の科学技術の社会的位置づけを考える上で非常に重要な意味をもつと考えられる．

4. 日本におけるフードナノテクとガバナンス形成上の課題

それでは，日本国内ではどのようにフードナノテクをめぐるガバナンスが検討されつつあるのか．その現状と課題について，以下では，行政機関，企業，研究機関の動向を中心に述べる．

4.1 日本におけるリスク管理機関の非行動

アメリカやEUにおけるフードナノテクに関する検討状況（FDA 2007; European Commission 2008; Gergely, Bowman and Chaudhry 2010）と比較すると（詳細は，第2章参照），日本においてはリスク管理上の検討がほとんど進んでいない．リスク評価機関である食品安全委員会による国内および海外の情報収集活動は見られるものの（東レリサーチセンター 2010），リスク管理機関（厚生労働省，農林水産省，消費者庁）におけるフードナノテクに関する公式的な活動は，現在（2012年9月）までのところ，ほとんど見ることができない．米欧と比較した場合の，こうした日本のリスク管理機関の非行動（regulatory inaction）は，ガバナンス形成という観点からどのように理解できるであろうか．とくに日本においては一部にフードナノテク関連製品が既に流通している（輸出もされている）点を考慮すると，リスク管理機関の非行動に関しては，その背景について改めて検討する必要があると考えられる（なお，EUでは，そうした製品がまだ市場には存在していないとされている）．

いくつかの点が，リスク管理機関のこのような対応をもたらしていると考えられる．すなわち，明確な食品事故が発生していないこと[5]，管理機関の人的リソース不足，社会的関心の低さなどである．また，現在は諸外国の情勢をまず見極めたいという，日本の行政機関が有する対外参照主義的スタンス（米本 2006）も影響していると考えられる．過去の萌芽的科学技術の事例，たとえばGM規制に関しても，日本ではガイドラインとして運用し，

法制度化が比較的遅かった点[6]等を考慮すれば，萌芽的科学技術に対するガバナンス形成には，米欧などの状況を参照しながら進めるという，非常に慎重な姿勢が反映されていると理解できるかも知れない．このような規制機関の傾向は，市民参加を通じた熟慮を政策形成に活用していこうという姿勢とは，大きな距離があるといわざるを得ず，本書における全体テーマ（市民によるガバナンス形成への関与の可能性）とも関わる点である．政策形成における市民参加の意義と役割に関しては，後段において改めて論じる．

4.2 企業の動向

国内企業の動向に関しては，食品安全委員会が東レリサーチセンターに委託して実施した調査が参考になる．この調査では，国内食品関連企業 900 社に対してアンケート調査を行い，技術の利用状況やその背景などが調査された（東レリサーチセンター 2010）．アンケートの回収率は，26.3%（237 社）であった．回答があった企業のうち，48 社がナノテク[7]をすでに「利用している」と回答している．また他の 30 社は，将来的にナノテクを「利用する予定」であると回答している．他方，158 社に関しては，将来ともナノテクを「利用する計画がない」としている．このように食品関連企業においては，一定の割合の企業がナノテクを利用している，もしくは今後利用するという意向を示しており，食品産業においてはすでに一定の産業的位置づけがなされつつある技術群であると理解できる．

また同調査の自由回答欄において，規制等への要望が出されているが，その中では，「ナノサイズにすることにより，新たな機能性を求めて開発された素材は，新規素材とみなされて何らかの規制が必要になってくると思われる」，「長年の食経験がある物質をナノオーダーサイズにしたものについては，その結果生じるメリットが明確であれば，何らかの規制や表示義務は生じると思われる」といった意見がある一方で，「食経験が十分にあり，安全が担保されたものに対しての規制は，既存事業に打撃を与える」，「特長として商品に表示するのであれば，何も問題はないが，ナノサイズに加工したものに

対して表示義務や規制するのは好ましくないし，またその必要性もないと思われる」という意見も出されている．規制を行う条件や対象範囲の設定，規制を導入することによる負のメッセージ効果に対する懸念などが挙げられている．とはいえ，全体としては，何らかの規制方針を行政機関が策定することを期待している一方で，企業や業界が自主的行動規範を策定するといった動きはいまのところ表明されておらず，どちらかといえば受動的傾向がみられる．なお，企業による自主的行動規範導入の意義と可能性に関しては，第3章においてさらに詳論する．

4.3 研究の動向

民間の研究動向に関しては，一部の企業による研究動向以外は，ほとんど把握することができない．商品化が具体的に進んでいる製品例としては，キノコ抽出成分，白金ナノコロイド，鉄が強化された調理油などが挙げられるものの，全貌を把握することは，届出義務や表示規制などもないことから，現時点では困難である．

公的研究機関においては，農林水産省所管の独法（農研機構・食品総合研究所）が中心となり，ナノスケールでの食品開発およびその安全性評価に関するプロジェクト研究（「食品素材のナノスケール加工及び評価技術の開発」平成19～23年度）が実施されている[8]．この中では，穀物をナノスケールにまで加工することにより，新たな食品素材としての様々な可能性を検討することや，これらの食品素材に関する安全性評価研究が行われ，データが蓄積されている．また厚生労働省所管の研究所である国立医薬品食品衛生研究所においても，国内外におけるフードナノテクに関する安全情報の収集および専門家派遣などに対応している．

5. ガバナンスと市民：可能性と課題

以上，本章では，フードナノテクを事例に取り上げ，萌芽的科学技術のガ

バナンスをめぐる初期設定において見出される，萌芽性そのものから派生する様々な課題やジレンマについて述べた．またこうした課題に対する対処やアクターの戦略的行動について指摘した．以下では，本書で取り上げる，ガバナンスと市民という観点と関わらせることで，その可能性と課題について改めて整理する．その際，次の2つの論点についてあらかじめ整理しておくことが有益であろう．まず，他のステークホルダーではなく，なぜ市民なのかという点，次に市民が果たすべき役割があるとすればそれはどのようなものなのか，という点である．第1の点は，ガバナンス形成における市民の位置づけに関する点であり，第2の点は，市民の参加がもたらす貢献の内容に関する点である．以下，順次述べていこう．

　まず，ガバナンス形成における市民の位置づけを考える場合，近年の民主主義論の展開を踏まえつつ検討されている参加型テクノロジーアセスメントをめぐる議論を参照する必要がある（Abels 2010）．これまでの政策形成においては，主として政策決定者が関連業界などのステークホルダーからの要請を考慮しつつ，利益団体政治と呼ばれる手法のもとで政策形成を進めてきた．農業分野など伝統的な利益団体政治が行われてきた分野では，政党・政府・業界の「鉄の三角形」が形成され，利益誘導と政治的決定が行われてきた．こうした政策分野においては，外部アクターの参加は困難であり，したがって市民参加が果たす役割も非常に限定されている．多元的民主主義がここでのモデルとなる．

　これに対して，その後の環境問題や消費者問題などでは，多様な非政府組織や消費者が意見反映の場を求めて，政策形成における参加を求めるようになる．参加型民主主義モデルの登場ということもできる．特に専門知識が政策形成に直結していた分野（原子力，環境，金融など）では，テクノクラシーの弊害が指摘され，閉鎖的な政策形成に対する参加の意義が強調されてきた．

　さらに最近では，討議的民主主義モデルと呼ばれる考え方が登場する中で，参加そのものの自己目的化に対する反省がなされ，個別の利害や専門知識を

表 1-1　参加型 TA における参加者と民主主義モデル

モデル	参加者（主要アクター）	前提とされている民主主義モデル
対話	ステークホルダー	多元主義＋討議的要素
狭義の pTA	科学者，ステークホルダー	討議的色彩
法制度上の公聴会	市民，科学者（行政）	参加型民主主義，部分的に討議的要素
コンセンサス会議	市民，科学者	討議的民主主義
拡大されたコンセンサス会議	市民，科学者，ステークホルダー	討議的＋多元的要素
投票を伴うコンセンサス会議	市民，科学者，政策決定者（ステークホルダー）	討議的＋多元的要素
シナリオ・ワークショップ	市民，科学者，政策決定者，ステークホルダー	参加型＋討議的＋多元的要素

出典：Abels (2010) Table 1.

超えた成熟した討議空間の形成を通じた，よりよい政策策定を目指すことの重要性が主張されてきた．ハバーマスが理論的に提起した理想的発話状況を政治的文脈のなかで具体化したモデルでもある．

　Abels (2010) は，参加型テクノロジーアセスメント（pTA）を 7 つのタイプに分類する中で，どのようなアクターが主役を務めるのか，またそこで追求されている民主主義モデルについて整理している（表 1-1）．ここで議論されている参加型テクノロジーアセスメントには，様々なタイプが存在しており，市民が中心的な役割を果たすものばかりではない．ただ，市民が参加するタイプにおいて目指されている民主主義モデルは，参加型もしくは討議的民主主義であることからもうかがえるように，業界団体などによるバーゲニング（多元的民主主義モデルに依拠）とは別の次元での議論の深まりが期待されているといえる．特に上記でも述べた通り，萌芽的科学技術においては，ステークホルダーが十分明確になっていないという状況にもあり，ガバナンス形成においてはバーゲニング自体が成立しない可能性もある[9]．利害が十分組織化されない段階において，萌芽的科学技術の利用と管理につい

表 1-2　科学的意思決定における市民（lay）の役割

市民の役割タイプ(1)　公共を体現するものとしての市民
①透明性の担保：科学的助言の透明性を担保するために立ち会う ②コミュニケーションの向上：科学的審議と市民との対話の場を広げる ③社会的基礎づけ：科学的知見の妥当性を社会的文脈に照らして判断
市民の役割タイプ(2)　助言者としての市民
④補完的専門家としての市民：科学的知識と社会的懸念とを結びつける ⑤批判的専門家としての市民：科学的知識の暗黙の仮定等を批判する

出典：Jones and Irwin（2010）より，引用者作成．

て，市民が参加した討議（あるいは熟議）を実施することの意義がここに認められるといえよう．

　次に第2の論点，すなわち市民の参加がもたらす貢献の内容に関する点について述べる．この点に関しては，科学的意思決定や政策形成において，市民がどのような役割を果たしうるのかについて検討した，Jones and Irwin（2010）の議論を紹介しながら見ていくことにする．Jones and Irwin（2010）は，表1-2に示すように，科学者の専門委員会や審議会などに市民が参加する動きが生じているイギリスの事例を分析しながら，科学に基づく政策決定において，市民が果たしうる役割を区別している．大きく分けると2つの役割タイプが存在するとされており，ひとつは，「公共を体現するもの」としての役割，もうひとつは「助言者」という役割と捉えられている．前者が科学的助言そのものに対する外在的な役割であるのに対して，後者は内在的役割と理解することができる．前者はさらに，3種類の役割に分けられる．すなわち，①透明性の担保（科学的助言の透明性を担保するために証人として立ち会う），②コミュニケーションの向上（科学的審議と市民との対話の場を広げることでコミュニケーションを円滑にする），③社会的基礎づけ（科学的知見の妥当性を社会的文脈に照らして判断し，より広い社会的観点から意見を述べる）というものである．後者はさらに，④補完的専門家としての市民（科学的知識がもたらす社会的懸念に関して意見を述べる）と，⑤批判的専門家としての市民（科学的知識の暗黙の仮定等を批判する）とい

う2種類の役割に区分することができる．

　科学技術のガバナンスに果たす市民の役割を考える上では，上記のうち，特に③以降の役割が重要であると考えられる．科学技術の開発は，しばしば供給サイド（開発側）の都合により，研究開発や適用領域が展開していくことになるが，こうした科学技術開発をより広い社会的文脈の中で位置づけなおしていく作業が求められる．こうした作業は上記のうち，③の役割と考えられるが，市民をはじめとして，様々なステークホルダーが交渉するなかで，その時代・社会的文脈における妥当性について判断していくことが求められる．また助言者としての市民が果たす役割である④および⑤は，科学技術の社会導入によって生じる懸念等に対して市民の考えを提起するという役割，もしくは科学的知識そのものの暗黙の前提に対して市民的価値や感覚から問い直しを行うという役割に注目するものである（時にラディカルな問いとなる）[10]．貢献する観点においてやや違いがあるものの，双方とも市民には科学技術に知見を提供する資格が十分あるという点が重視されている．

　本書の第Ⅱ部では市民参加型テクノロジーアセスメントおよびグループインタビューの結果について分析しているが，その分析においても市民（および消費生活アドバイザー）が果たす③から⑤の役割に着目しつつ，市民がガバナンスに果たす役割について具体的に検証を行う．

　最後に，市民が萌芽的科学技術のガバナンスに果たしうる可能性と課題について改めて述べることで，本章を終える．まず可能性については次の点が指摘できるだろう．萌芽的科学技術とは，まさに萌芽的であることから，様々な要素が未確定の状況にある．フードナノテクのように，一部に製品化が進みつつあるものの，まだ研究開発の途上にあり，かつガバナンスの枠組みが確定していない分野においては，ガバナンス形成をめぐる交渉に，市民が関与する可能性（必要性というべきかも知れない）が存在する．特に，このナノテクの応用分野や応用製品の開発方向やニーズとのマッチングという領域である．そこでは，応用分野ごとのリスクや規制のあり方が関わっており，こうしたリスクの知見や規制に関しては，専門家や研究者，政策形成上

のアクターとの交渉が不可欠である．ただし，科学的知見の蓄積や整理がなされなければ，リスクや適用範囲に関する議論に関して，限定的な情報しか得られないという背景が存在し，こうした知見蓄積との並行的な作業にならざるを得ない側面もある．とはいえ，トランスサイエンス的状況が存在していることは，専門家以外の諸アクターが様々な形で関与しながら，ガバナンスを形成することが望ましいことを示唆しており，そこには市民や消費者の席が用意されてしかるべきであると考えられる．そうした交渉が適切に機能しない場合には，運動団体の中には，GMOの事例と同じように，フードシステムの特定の段階（小売段階等）に対して直接的に働きかけるという抗議行動が戦略的に取られることもあろう．

次に，萌芽的であることがもたらす，ガバナンス上の課題と市民の関与への含意についてである．この点は，科学的知見の未蓄積，規制上のあいまいさや応用分野の未確定によってもたらされる，ステークホルダーそのものの未確定状況と関わっている．アクターによっては，こうした状況を戦略的に利用する動きも助長されると考えられる．たとえば，ナノテクを利用していることに関して，情報を開示しないなどの対応である．こうした状況においては，市民や消費者は課題の存在や参加の必要性を認識する機会がないために，結果として受動的な立場におかれることになる．とはいえ，今日のグローバル化の時代にあっては，国内消費者だけの情報をコントロールすることは不可能であり，国際的な動向次第によっては，こうした情勢を踏まえた政策的な検討が国内から強く求められることになる．その意味で市民や消費者に対して常に透明性や説明責任が果たされることは重要な課題である．こうした点を踏まえるならば，ステークホルダー間の対話・交渉の場を適切なタイミングと場面で提案していくことなどに，科学技術社会論の研究者が今後も積極的にその役割を果たしていくことが求められると考えられる．

注
1) 他方，アメリカのFDAでは科学的知見が未形成であることから，現時点では

規制上の定義を行うことを時期尚早と考えている．

2) 規制への政府の介入レベルは，次のような段階があるとされている（Garcia Martinez et al. 2007）．すなわち，①直接規制，②インセンティブ構造の設定，③情報提供・啓発，④共同規制（co-regulation），⑤自主規制，⑥非介入という順に，政府の関与が低下する．

3) とはいえ，ここでも十分検討されていないと考えられるのは，萌芽的科学技術が登場した際に，ガバナンスのスキームについてどのようにフレーミングするかについての交渉過程がどのようにあるべきか，という点である．最初のフレーミングとそのもとでのガバナンス上の検討がどのようになされるかは，決定的に重要であると考えられるものの，こうした点について Renn は特に言及していない．

4) なお，これと近い発想は，Millstone ら（2004）が提唱する「透明性モデル」にもみられる．すなわち，アセスメントに入る前に，社会的フレーミングの前提条件（social framing assumption）を考慮すること，またアセスメントとマネジメントの間の段階で，リスクに対する技術的・経済的・社会的配慮を行うことが重視されている．

5) たとえば，農林水産省では，有害化学物質および有害微生物に関して，リスク管理を行う優先順位リストを公表しているが，基本的にはリスク・ベースに基づく判断により優先順位が設定されている．ただし，この優先順位の設定の中にも，諸外国の動向，とくに Codex の対応が重視されている．

6) たとえば，遺伝子組換え作物の環境安全性評価に関する法制度上の規定がなされたのは，アメリカ（1986年），EU（1990年）に対して，日本ではカルタヘナ法が施行される2004年である．

7) 食品安全委員会による調査においては，食品におけるナノテクノロジー利用を，「nmオーダーから直径数μm程度以下の粒子を利用すること」（東レリサーチセンター 2010, Appendix I-23）と設定して調査が行われている．この範囲設定は，欧米などで議論されている定義と比べてより広い範囲をカバーするものであることに留意する必要がある．

8) 詳しくは，食品総合研究所のウェブサイト（http://www.nfri.affrc.go.jp/yakudachi/foodnanotech/）を参照されたい．フードナノテクに関する基礎的な情報がプロジェクトの研究成果に基づき，整理・提供されている．またこれに先行する研究プロジェクト「生物機能の革新的利用のためのナノテクノロジー・材料技術の開発」（平成14〜18年度）においても，ナノスケール・レベルでの幅広い研究と農業・食品分野への応用が研究された．

9) このことは，利害関係が明確でバーゲニングのシステムが確固として形成されている分野では，市民参加による討議的民主主義モデルの追求が困難であるという可能性も示唆する（例えば，上記の「鉄の三角形」が成立している分野）．

10) ただし，Jasanoff（2012）が Callon らの著作の書評の中で指摘するように，科学技術への市民参加が議論される際，市民が有する認知的側面に注意の重点が向

かうという傾向がある．市民参加における主知主義的傾向と言い換えることもできよう．認知的側面を超えた，参加者間での価値観の相違を，討議によってどのように乗り越えることができるのか，この点については今後の課題として残されている．

参考文献

Abels, G. 2010: "Participatory Technology Assessment and the "Institutional Void": Investigating Democratic Theory and Representative Politics," *Democratic Transgressions of Law: Governing Technology through Public Participation*. A. Bora and Hausendorf, H. eds. Brill, 239-268.

Bijker, W., Hughes, T.P. and Pinch, T. 1987: *The Social Construction of Technological Systems*, The MIT Press.

Busch, L. and Lloyd, J.R. 2008: "What Can Nanotechnology Learn from Biotechnology?" *What Can Nanotechnology Learn From Biotechnology?: Social and Ethical Lessons for Nanoscience from the Debate over Agrifood Biotechnology and GMOs*, David, K. and Thompson, P. eds. Academic Press, 261-276.

Dreyer, M. and Renn, O. eds. 2009: *Food Safety Governance*, Springer.

EFSA Scientific Committee 2011: "Scientific Opinion: Guidance on the Risk Assessment of the Application of Nanoscience and Nanotechnologies in the Food and Feed Chain," *EFSA Journal* 9 (5): 2140.

ETC Group 2004: *Down on the Farm-the Impact of Nano-Scale Technologies on Food and Agriculture*.

European Commission 2008: "Communication from the Commission to the European Parliament, the Council and the European Economic and Social Committee-Regulatory Aspects of Nanomaterials". COM (2008) 366 final.

FDA (Food and Drug Administration) 2007: *Nanotechnology: A Report of the U.S. Food and Drug Administration Nanotechnology Task Force*.

Friends of the Earth 2008: *Out of the Laboratory and on to Our Plates: Nanotechnology in Food and Agriculture*.

Garcia Martinez, M. et al. 2007: "Co-regulation as a Possible Model for Food Safety Governance: Opportunities for Public-Private Partnerships," *Food Policy* 32: 299-314.

Gergely, A., Bowman, D. and Chaudhry, Q. 2010: "Small Ingredients in a Big Picture: Regulatory Perspectives on Nanotechnologies in Foods and Food Contact Materials." pp. 150-181, Q. Chaudhry et al. (eds.) *Nanotechnologies in Food*, RSC Publishing.

Jasanoff, S. ed. 2004: *States of Knowledge: The Co-production of Science and Social Order*, Routledge.

Jasanoff, S. 2012: "Acting in an Uncertain World: An Essay on Technical Democracy (review)," *Technology and Culture* 53 (1): 204-206.

Jones, K.E. and Irwin A. 2010: "Creating Space for Engagement? Lay Membership in Contemporary Risk Governance," Hutter, B.M. (ed) *Anticipating Risks and Organising Risk Regulation*, Cambridge University Press, 185-207.

Millstone, E., et al. 2004: *Science in Trade Disputes Related to Potential Risks: Comparative Case Studies*, ESTO report.

Karinen, R. and Guston, D. H. 2010: "Toward Anticipatory Governance: The Experience with Nanotechnology," *Governing Future Technologies, Sociology of the Sciences* 27 (4): 217-232.

Renn, O. 2008: *Risk Governance: Coping with Uncertainty in a Complex World*. Earthscan.

Royal Society/Royal Academy of Engineering 2004: *Nanoscience and Nanotechnologies: Opportunities and Uncertainties*.

Schurman, R. and Munro, W.A. 2010: *Fighting for the Future of Food: Activists versus Agribusiness in the Struggle over Biotechnology*, University of Minnesota Press.

Schweikhardt, D.B. and Browne, W.P. 2001: Politics by other Means: The Emergence of a New Politics of Food in the United States, *Review of Agricultural Economics* 23 (2): 302-318.

城山英明 2007:「科学技術ガバナンスの機能と組織」城山英明編『科学技術ガバナンス』東信堂.

立川雅司 2011:「萌芽的技術をめぐる食品安全の課題とレギュラトリーサイエンス―ナノテクノロジーを事例として」『フードシステム研究』18(2):86-96.

Tachikawa, M. 2012: "Uncertainty of, and Stakeholder Response to, Emerging Technologies: Food Nanotechnology in Japan," *Ethics in Science and Environmental Politics* 12: 113-122.

立石裕二 2011:『環境問題の科学社会学』世界思想社.

東レリサーチセンター 2010:『食品分野におけるナノテクノロジー利用の安全性評価情報に関する基礎的調査報告書』(内閣府食品安全委員会,平成21年度食品安全確保総合調査).

山口富子・日比野愛子編著 2009:『萌芽する科学技術:先端科学技術への社会学的アプローチ』京都大学学術出版会.

米本昌平 2006:『バイオポリティクス:人体を管理するとはどういうことか』中公新書.

第2章
米欧の規制動向とガバナンス

松尾真紀子

1. はじめに

　食品分野へのナノテクノロジーの応用（フードナノテク）は，多様なメリットをもたらすことが期待されている．ナノテクノロジーにより，栄養素の吸収効率の制御・向上，食感の改善，味や香りのコントロール，品質安定性向上などを可能とすることが考えられる．また，包装材の分野では，ガスバリア性（酸素を通さない），脱酸素や抗菌機能を追加したパッケージや，ICチップなどを搭載したスマートパッケージの開発が進んでいる．フードナノテクという言葉は浸透していないが，食品分野における利用実態に関して食品関連企業に行ったアンケート調査によれば，すでに利用していると回答する企業もある（東レリサーチセンター 2010）[1]．
　他方で，フードナノテクの潜在的リスクへの懸念も指摘されるようになった．安全性に関するデータは不足しており，また，リスク評価手法はまだ発展段階にあり，具体的な規制管理に関する議論も国によって進展度合いが異なる．こうした問題において，政策担当者は，あらゆることが不確実な中，多様な目的を一度にバランスよく追求しなければならないという難しい課題に直面する．健康や環境の安全性の確保に加えて，経済貿易促進，国際競争力の向上と，イノベーションの推進といったほかの施策との調整も要される．社会における市民の受容性への対応も要される（図2-1）．

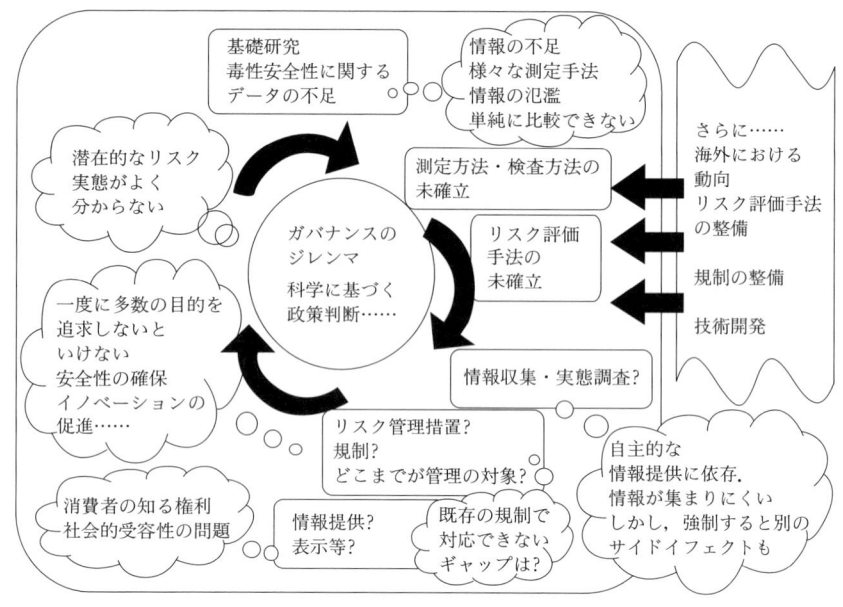

図 2-1　新たな技術導入の際のガバナンス上の課題

　本章では，海外におけるフードナノテクをめぐる動向を把握することで，ガバナンス上の課題を明らかにし，日本のフードナノテクへの対応及び今後の萌芽的技術の管理におけるインプリケーションを導出することを目的とする．第2節では，国際レベル，米国と欧州におけるフードナノテクをめぐる主要な動向についてまとめる．第3節では，ガバナンス上の課題について考察を行う．フードナノテクを巡る具体的な課題を踏まえたうえで，米国と欧州の規制アプローチの違いを整理し，ガバナンス上の課題について分析を行う．

2.　国際機関，欧米におけるフードナノテクをめぐる動向

2.1　国際レベルの議論：FAO・WHO・コーデックス

　フードナノテクに関する国際機関の取り組みとしては，国連食糧農業機関

(FAO)/世界保健機関（WHO）が中心となって行っている．2008年に，規制当局者のネットワークであるFAO/WHO INFOSAN（International Food Safety Authorities Network）[2]が，安全性や規制・管理の在り方についてのインフォメーションノートを公表した．翌年，2009年に，FAO/WHO合同専門家会議が開催され，①フードナノテクの現状，②安全性評価上の課題，③利害関係者との対話のあり方についてまとめた報告書が作成された．この報告書では，安全性評価に関して，段階的なリスク評価（Tiered Approach）[3]を提示した．今後これを具体的に実現する判断樹を発展させることが予測される．また，2012年には，各国におけるリスク評価と管理の現状に関する報告書を取りまとめている（FAO/WHO 2012ドラフト）．

FAO/WHO合同専門家会議は，科学的アドバイスを提供する国際機関であり，そのアドバイスを受けて国際食品規格を策定するのは，管理機関であるコーデックスである．しかし現在のところコーデックスでフードナノテクに関して規格を策定するという具体的な動きには至っていない[4]．

2.2 米国

先進国の中でも最も早い段階でこの問題への取り組みを開始した米国では，2006年に米国食品医薬品局（FDA）が，ナノテクの科学的知見の現状把握や規制のあり方について検討する部会（以下，FDAナノテク部会）を設置して，同部会により各種勧告を含む報告書をまとめた（FDA Task Force 2007）．この報告書では，FDAの現行規制でどこまでナノテクノロジーに対応できるかに関する検討やナノテクノロジーに特化した規制が必要かということについての検討を行った．規制の検討について，FDAナノテク部会は，現行規制では，①上市前の承認が課されているもの（医薬品，医療器具，生物製品（biological products），食品添加物，着色料）については，FDAは一般的に包括的な権限を持ち合わせているものの，②上市前の承認が課されていないもの（サプリメント，GRAS（Generally Recognized as Safe：規制上一般的に安全とみなせるとされているもの）の対象，化粧品）については，

FDA は監督をするに十分な権限を持ち合わせていないと結論づけた．ナノテクノロジーに特化した規制の必要性については，十分な科学的根拠がないため，ケースバイケースの対応となるとした．つまり，既存の規制枠組みの中で対応していくことが妥当とした．ただし，ナノ材料が従来とは異なる性質を持ちうることも事実であることから，そうした問題に対応できるよう，FDA が各種ガイダンス，告示をするよう勧告がなされた．勧告の項目の中でも，どのような場合に企業がナノ材料に関する追加的情報を FDA に提出する必要があるのかといったことに関する業界向けのガイダンスについては，その後，パブリックミーティングなどで議論が重ねられた．当初ガイダンスは 2009 年末に公表されることを予定していたが，2011 年 6 月に，ホワイトハウスのナノテクに関する，ほかの政策発表[5]と足並みをそろえる形で公表された（FDA 2011 ドラフト）．FDA は従来より，現段階ではナノテクノロジーに画一的な定義を設けず包括的アプローチをとるとしている（FDA Task Force 2007; Hamburg 2012）が，それを改めて示すこととなった．FDA が定義を設けないのは，定義をすることによって潜在的に関連性のあるものが排除されてしまうことを避けるためである．こうした考えもあり，この業界向けガイダンスでは，FDA が規制権限を持つ製品についてナノかどうかを判断するのは，①少なくとも一次元の寸法がナノスケールかどうか，とともに，②仮にサイズがナノスケール以上でも，最大 1μ までサイズに起因する新たな特性や現象を示すかどうかを考慮するとしている．さらに，2012 年 4 月，ナノテク等の製造工程の変化により食品成分の特性や安全性が変化する際にそれが規制対象となるかを判断するためのガイダンス（FDA 2012 ドラフト）を公表している．

2.3 欧州

米国より取り組みの開始は遅かったものの，現在フードナノテクの安全性や管理に関する議論や取り組みが最も盛んなのは，欧州である．後に論じるように，政治が科学に先行するような形で議論が進展している点が特徴的で

ある．これは，欧州議会における政治的なイニシアティブに依拠するところが大きい．

欧州では，2008年欧州委員会により，ナノテクノロジーの管理が現行の規制枠組みで対応できるかということに関する検討がなされた（欧州委員会の「ナノ材料の規制的側面」と題する欧州委員会コミュニケーション（EC 2008b））．それによれば，欧州の規制枠組みは，ナノテクノロジーにも適用可能であるが，ナノテクノロジーの潜在的リスクには未だ知識ギャップがあるので，法律の運用面においては法律の順応（adaptation）や新たなガイドラインの作成が必要となるかもしれないとしている．欧州議会は，この報告をもとにナノ材料にかかわる規制のレビューを欧州委員会に対して求めた（European Parliament 2009）．

実際の法規制は，ナノに特化・あるいは言及する規制の策定に進んでいる．すでにナノに言及している法律[6]としては，食品添加物規則（2008）[7]や，2011年10月に採択された食品の表示に関する食品情報規則（FIR, Food Information Regulation）がある（EU 2011）．FIRでは，人工ナノ材料を「意図的に作られた物質で，一次元またはそれ以上の次元が100nm以下のもの，あるいは内部か表面の一次元またはそれ以上の次元が100nm以下の機能的要素により構成されるもの．そして構造，凝集粒子あるいは凝集塊が100nm以上の大きさであったとしても，ナノスケールの特徴を保持しているものであればそれも含める」（Article 18 of Regulation (EU) No. 1169/2011）と定義している[8]．

フードナノテクの管理に関して最も議論がなされたのは，2008年から行われた新規食品規則の改正案の審議においてであった．欧州の規制策定は，欧州委員会が作成する法案を，欧州議会と欧州理事会のそれぞれが審議する形で進展する．この改正案の中で，欧州議会は，フードナノテクに関して，事前認可と表示の義務化，製造工程にナノテクノロジーを利用した食品やナノサイズ化した食品の評価を目的としたリスク評価により安全が確認されるまで，事実上の認可凍結（モラトリアム）をすべきとの内容を盛り込んでい

た[9]．この法案自体は，同じく新規食品規則に盛り込まれていた，クローンをめぐる欧州議会と欧州理事会の対立を大きな理由として2011年に廃案となった（ただし，上述の通りフードナノテクの表示義務の部分のみ先にFIRに組み込まれた）．フードナノテクについては，意思決定にかかわる主要な3機関の間で基本的な合意が得られていたことから，今後，クローンと切り離した形で同様の内容の規則が策定される模様である（Agra Europe 2011）．なお，欧州ではすでにいくつかのナノ材料が欧州食品安全機関（EFSA）により評価されている[10]．

このように，フードナノテクの安全性評価が政治サイドから求められていたことから，安全性の検討，その評価手法の確立が急務となっていた．欧州委員会からの諮問を受けて，EFSAは，2009年に「ナノサイエンスおよびナノテクノロジーが食品・飼料安全に及ぼす潜在的リスクに関する科学的意見」（EFSA 2009）をまとめ，2011年により具体的なガイダンスである「食品と飼料へのナノサイエンスとナノテクノロジーの応用に関するリスク評価ガイダンス」（EFSA 2011）を公表した．

ステークホルダーとの対話という意味では，リスク管理機関である，欧州健康・消費者保護総局（DG SANCO）が，2007年から，様々なステークホルダーを集めて「ナノテクノロジー成功への安全に関する対話（Nanotechnology Safety for Success Dialogue）」を毎年実施している．

欧州の各国レベルでは，英国が熱心である．英国食品基準庁（FSA）は，2008年にリスク評価と法規制ギャップの検討（FSA 2008）を行った．英国上院科学技術委員会は，フードナノテクに関して，様々な勧告を含む膨大な報告書を2010年に提出した（House of Lords 2010）．その中で，FSAに対して，食品業界との協力により研究開発中のナノ材料情報の非公開データベースを構築すること（勧告10）や，EFSAによって承認されたナノ材料で食品包装材に使用されているものの公開リストの作成（勧告26）など具体的な勧告を行った．FSAではこの検討も含めたフードナノテクの検討をするための，多様なステークホルダーから構成されたディスカッショングルー

プを設置して議論を積み重ねている．2011年には，市場に出ているフードナノテク関連食品・包装材について，不溶解性で残留性の高い「ハードな」ナノ材料に特に注意してモニタリングをすると表明するとともに[11]，フードナノテクの開発業者に対して規制相談を受け付ける窓口を設置した[12]．

3. ガバナンス上の課題

3.1 具体的な課題

3.1.1 定義の問題：国際的に合意された定義の不在，規制目的の定義とは

ナノ材料の定義について，工業ナノ材料については一定のコンセンサスができているが，食品分野における定義については，厳密な意味での共通定義はまだない（JRC 2010; SCENIHR 2010; Kreyling et al. 2010）．

定義に関する論点としては，①サイズの範囲，②サイズ以外の指標をどう考えるかという点がある．サイズの範囲については，事実上のコンセンサスとして，「ある特性または組成を有するように意図的にナノスケール化（即ち約1～100nm）した材料」とされているが，サイズの範囲を100nmに決定づける科学的根拠はなく（JRC 2010），より幅広に設定すべきとの考えもある（Friends of the Earth 2008; House of Loads 2010; FDA 2011 ドラフト；FDA 2012 ドラフト）．また，定義の指標として，サイズのみでは不十分とされており，その他の追加的事項（粒径分布，即ち，何パーセントが含まれていればナノ材料とするのか，そしてその分布を個数濃度でみるのか質量濃度でみるのか，補完的定義として（体積）比表面積（Volume Specific Surface Area, VSSA）で計測できないか（Kreyling et al. 2010 等）についての検討がなされている．また，安全性の側面から考えると，ナノに起因する「新たな機能」に着目することが重要との意見もあり（House of Loads 2010），可溶性，分解性，体内残留性等の指標が議論されている．

定義の問題が重要なのは，定義がリスク評価や管理規制体制と密接な関係を持つからである．前節の欧米規則で見たように（2.2, 2.3），欧米間では

定義に対して2つの異なるアプローチが出現している．米国 FDA は，科学的知見が十分でない段階では包括的なアプローチが必要で，定義を定めるべきではない（FDA Task Force 2007）とするのに対して，欧州や FAO/WHO 合同専門家会議では，混乱を回避するためにも，明確な定義を国際的に定めるべきとの考えを取っている（FAO/WHO 2009; House of Loads 2010）[13]．

3.1.2　リスク評価手法の未確立

フードナノテクのリスク評価手法は，まだ十分に確立しておらず，定義や管理体制の検討と並行して，様々な検討がなされている．

現在の食品の安全性はリスク分析のパラダイム[14]により検討されている．このリスク分析がフードナノテクにも適用可能かという点については適用可能とされる．しかし，ナノ化による新たな特性による潜在的リスクの可能性は否定できず，統一的に適用可能な安全性評価手法はないことも確かであることから，ケースバイケースの対応および既存の評価手法修正の必要性（新たな評価手法の必要性）が指摘されている（SCENIHR 2007; FAO/WHO 2009; EFSA 2009; House of Lords 2010; FDA Task Force 2007）．

リスク評価の手法を検討する前提として，定義の不在も大きな阻害要因であるが，そのほかにも，①基礎研究を含むナノ材料に関する安全性にかかわる基本的データが不足していること（東レリサーチセンター 2010），②共通の測定・検知に関する標準的手法が未確立であること（FAO/WHO 2009; EFSA 2009; SCENIHR 2010）などがあげられる．そうした中，リスクの高いと思われるものから，評価をするための判断樹の検討が必要と考えられている．上述の FAO/WHO 合同専門家会議の段階的アプローチの提起も，こうした考えに基づく．現在もっとも具体的なリスク評価の方向性，判断樹を盛り込んでいるガイダンスは，EFSA の 2011 年のガイダンスである（EFSA 2011）．このガイダンスでは，その物質にナノ材料が含まれる場合，どのような場合に，どのような試験が必要（あるいは不要）かということに

関して一定の考えを文書化している[15].

3.2 米欧の規制・管理の差異の考察

米欧のアプローチをいまいちど整理すると，リスク評価における考え方（すなわち，フードナノテクに従来のリスク分析の枠組みが適用できるが，潜在的リスクに対応できるようケースバイケースの対応が必要で，評価手法の修正が必要ということ）については，大きな違いはまだみられないが，管理のアプローチに関して大きな違いがすでに生じている．米国（FDA）はフードナノテクに関して，現段階では定義を設けず，科学的知見の蓄積により対応を検討するとしている．また，法規制については，ナノに特化した規制を採用するのではなく，既存の枠組みの中でほかの製品と同様にリスクに応じて対応するとしている．これに対して，欧州では，欧州で共通に適用可能な定義が必要との考えからその策定がなされた．また，法規制に関しても，ナノに直接言及する法規制，ナノテクノロジーを適用した製品を1つのカテゴリーとみなしたタイプの法規制の制度化に向けて動いている．

3.2.1 米国の規制アプローチ

マーチャントらによれば，米国の規制アプローチは，過去にとられた遺伝子組換え（GM）技術にかかわる法規制枠組みの影響が大きいとされる（Merchant et al. 2007）．米国では1986年に調整フレームワークが導入され，GM技術それ自体は危険なものではないので，技術が適用された個々の製品ごとに管轄する行政組織が対応するべきとして，GMを理由とする新たな規制は不要との判断を示した．米国ではこのアプローチがおおむね成功とみなされていて，ナノテクに関しても同様のアプローチを採用したという．「国家ナノテクノロジー計画」（National Nanotechnology Initiative: NNI）が調整フレームワークに相当し，ホワイトハウスのOffice of Science and Technology Policy's National Science and Technology Committeeが全体を管轄する．食品を管轄するFDAでは，伝統的に技術（プロセス）ではなく製

品（プロダクト）を規制するというアプローチがとられてきた（Jasanoff 1995; Chau et al. 2007; Merchant et al. 2007; Cantley and Lex 2011）．

さらに，マーチャントらは，米国環境保護庁（EPA）の有害物質規制法（Toxic Substances Control Act: TSCA）の事例を挙げて，実際に規制を導入したいと考えても，甚大な潜在的リスクに関する立証責任が行政側にあることも，厳格で予防的な規制の導入を阻む要因としている．これまで，業界との個別商品ごとのコンサルテーションをベースに情報収集と管理を行ってきた経緯からも，トップダウン的な厳格な規制の導入による管理はなじまないのかもしれない．しかし，このような個別商品ごとの対応は，法規制からの漏れ，重複の問題が生じる可能性があるとの懸念もある．

3.2.2 欧州の規制アプローチ

他方で欧州では，主として，欧州議会のイニシアティブにより，定義もリスク評価の手法も確立していないうちから，フードナノテクを対象とする安全性評価や表示の義務化といった厳格な法規制の策定に向けた動きがみられる．欧州でも，法規制はGM食品に対して採用されたアプローチが影響していると思われる．欧州ではGM食品は，1つのカテゴリーとして，食品・飼料規制（Regulation 1829/2003）により管理されている．明確なリスクが明らかになっていないにもかかわらず，フードナノテクを1つのカテゴリーとみて安全性評価や表示の義務を課すのは，欧州の制度に埋め込まれている予防原則の流れとも考えられる．また，これは成長産業として期待されているナノテクノロジーの分野が，思いもよらない潜在的リスクの存在によって，社会的受容において失敗したGMの二の舞になってはならないという強い警戒から，厳格な管理の姿勢をとらなければならないとの考えによるものともいえる．しかし欧州で一般的にネガティブな印象をもたれるGM食品とは異なり，フードナノテクに関しては，まだ具体的な世論が形成されていない．それにもかかわらず，なぜ厳格な法規制の採用へ欧州議会が向かうのかという点は疑問が残る（立川・松尾・櫻井 2011）．欧州の動きを理解するに

は，政策決定プロセスの制度的要因や，欧州議会でこの法規制を先導する議員のモチベーションについての検討がさらに必要と思われる．

このような規制アプローチの違いは，GM 食品のように，将来的に国際貿易や規制の調和に重大な影響をもたらすとの懸念も論じられている（Falkner et al. 2009a, 2009b）．また，ナノテクノロジーの応用・開発は先進国にとどまらず，途上国でも展開されていることから，グローバルな観点での規制の調和を念頭に入れた議論が必要とされる．

3.3 制度設計上の課題
3.3.1 どのような制度体系の下管理するのか

多様で複雑な利害関係や社会的重要性のある問題において，科学的な不確実性がある中，規制管理の方向性について重要な判断をしなければならないのは，何もフードナノテクに限ったことではなく，萌芽的技術のガバナンスにつきものの古典的な問題といえる．技術がどのようなフレームのもとに位置づけられるのかによって，今後の政策プロセスにおける規制の選択肢に影響を及ぼすため，ひとつひとつの問題で丁寧な検討が重要なのである（Hodge 2007）．

本章で行った米欧の規制アプローチの考察から，すでに相反する 2 つの規制アプローチが出現していることが明らかとなった．米欧がそれぞれ GM の際にとったアプローチに類似した規制アプローチを採用していることから，過去の経路依存的な要素が影響している可能性も考えられる．そしてこうした異なるアプローチが，安全性の確保・リスクの管理，さらには，社会に対してどのような影響を持つのかは，十分に注視していかなければならない．制度は，粘着性を持ち（Institutional stickiness），一度採用された制度は，通常の政策決定プロセスの中では，なかなか変えられない．ナノテクノロジーのように急速に発展する科学技術の分野では，科学のダイナミックな性質を考慮して，柔軟な制度的対応が可能となる，見直し条項などの仕組みをあらかじめ埋め込んでおく必要がある．

3.3.2 どのような規制措置・ツールを用いるのか

規制措置には、ハード・ロー（伝統的な政府主導の管理規制）、ソフト・ロー（業界等による自主規制）、ハイブリッド（両方の組み合わせ）の3つのアプローチがあり（以下、Bowman and Hodge 2008 を参考とした）、それぞれメリット・デメリットがある（表3-1参照）。フードナノテクの潜在的なリスクに対する管理手段を考えるうえでは、安全性に関するデータが不可欠であるが、現状はそのデータが不足している。有用な情報は、実際に開発に携わっている個々の企業が保持していることから、それらを集約することが必要である。こうしたことから、英国環境食料農村地域省（Defra）や米国EPAでは、政府が企業に対して自主的に情報提供を求める取り組みを行った[16]。こうして収集された情報量の評価は分かれるが、英国上院科学技術委員会の報告書では、自主性に任せることへの限界が認識され、強制力を持った情報提供のデータベースの構築を勧告した（2.3参照）。強制的に情報提供を課すには、新たな法律を導入する必要があり、また、そうした義務

表3-1 ハード・ロー、ソフト・ロー、ハイブリッド

規制のタイプ	内容	メリット・デメリット	フードナノテクの関連事例
ハード・ロー	伝統的な政府主導の管理規制	管理対象や範囲が明確で、高い遵守が見込まれる。規制導入・修正の際に迅速性と柔軟性に欠ける	欧州における新規食品規則改正案。英国上院科学技術委員会の勧告内容。
ソフト・ロー	業界等による自主規制	柔軟で迅速な対応が見込まれる。自主性に依拠するので正当性を欠く。どこまで遵守されるかもわからない。	化学メーカーのデュポンと環境NGOのEnvironmental Defense Fundによる「ナノ・リスク・フレームワーク」や、スイスの小売業者団体、IG DHSの「ナノテクノロジーに関する行動規範」
ハイブリッド	政府が示す方針の下、業界が自主的に参加する枠組み	政府のリソース不足を補完することが可能。ソフトローより実効性が見込まれるが、義務を伴わない分どこまで実効性が担保されるかは不明。	英国環境食料農村地域省（Defra）や米国環境保護庁（EPA）が企業に対して行った自主的情報提供の試みや、欧州委員会が策定した研究分野における行動規範（EC 2008a）

付けは企業活動の国外流出につながるのではないかという恐れもあり，課題は多い．しかしFSAは前述のディスカッショングループで，その在り方について，ステークホルダーとの議論を行っているところである．潜在的なリスクに関して不確実性が大きい中，ハード・ローを導入するには，欧州のように強力な政治的主体（entrepreneur），政治的意思が要される．

3.3.3 社会との関係

ナノテクに関して，米欧で共通に重視されているのは（特に開発の段階において），倫理的・法的・その他の社会的課題（Ethical, Legal and Other Societal Issues: ELSI）や社会影響の考慮である．米国のNNIでは，予算の一部をELSIや環境・健康・安全（Environment, Health and Safety: EHS）の課題に当てるような枠組みを作っている．欧州でも欧州委員会が策定した研究分野における行動規範（EC 2008a）の中でELSIが謳われている．こうした技術の広範な社会的影響を，リスクもベネフィットもバランスよく検討し，政策的な選択肢を提示するのがテクノロジーアセスメント（TA）である．TAの中でも，昨今，技術開発の早い段階（上流）から市民を巻き込んでいくアップストリームエンゲージメント，あるいは技術とともに市民のニーズを反映していくリアルタイムテクノロジーアセスメント（RTA）が注目を集めている．このベースには，社会と科学技術が，相互作用・学習プロセス（learning process）を通じて，共進化（co-evolution）するとの考えがある．しかし，どれだけ「早い段階」からどのような「市民」の関与を求めていくのかについては課題も大きい．すなわち，あまりに早い段階で関与を求めても，抽象的な議論に終始してしまい，直接的に政策に反映できる内容とならないことがある．また，関与すべき「市民」は誰の何を代表しているのかという根幹的な問題もある．

4. おわりに

本章では，フードナノテクの抱える具体的課題（定義の不在，リスク評価手法の未確立）をふまえ，それに対する米国と欧州の規制アプローチを考察した．米欧の違いは，同じリスクに対しても，異なる多様なガバナンスの形態があることを示している．そして，ガバナンス上の課題は，未知の，あるいは潜在的なリスクに対してどのように対処すればよいのかという古典的な問題であり，多くの新興技術の管理において共通に当てはまる課題といえる．

本章で対象としたフードナノテクのように，技術が発展途中にあり，リスクが不確実なものは，将来の行方が確実に予期できるものではなく，技術の発展，様々なアクターの選択や行動の集積によって変化しうるものである．とはいえ，何か事が起きるまで待ってから対応するだけでは社会にとっても技術にとっても不幸な結果となってしまう．こうしたことから，予測的なガバナンス（anticipatory governance）が求められる（Barben et al. 2008）．この予測をするうえで有用なのは，前節でも論じた技術の社会的影響評価（テクノロジーアセスメント，TA）である（城山・吉澤・松尾 2011）．また，TA により得られた政策の選択肢がどのような影響をもたらすのかを検討する規制の影響評価（Regulatory Impact Assessment: RIA）も管理手段の妥当性を検討する上で重要である．ガバナンスの検討においては，これらのアプローチを活用して，どのような管理措置のツールが，どのような環境条件の下，どのような対象にとって，どう有効なのかを，継続的に検討を重ねていく必要がある．

謝辞

本稿は，I2TA プロジェクトにおける成果（I2TA 2011）をベースに発展させたものである．

注

1) このアンケートによれば回答した企業 237 社のうち，48 社が「ナノテクノロジーを利用している」，30 社が「現在利用していないが開発計画がある」と回答した．
2) FAO/WHO で運営する 177 カ国の規制当局者のネットワーク．食品安全に関する情報共有・国際協力の促進を主たる目的とする．http://www.who.int/food-safety/fs_management/infosan/en/
3) これは物理化学的，生物学・毒性学的な 2 つの指標からスクリーニング的なリスク評価をすることで，更なる分析や試験が必要かを判断するものである．
4) 2011 年に開催された第 34 回コーデックス総会において，エジプトが潜在的リスクの評価を行う特別部会の設置を提案したが，合意を得られなかった．
5) 米国科学技術政策局（OSTP），米国行政予算管理局（OMB），米通商代表部（USTR）の "Policy Principles for the U.S. Decision Making Concerning Regulations and Oversight of Applications of Nanotechnology and Nanomaterials"，米国環境保護庁（EPA）の "Policies Concerning Products Containing Nanoscale Materials" も同じタイミングで公表された．
6) 化粧品に関してもナノの規定と表示が義務付けられている（化粧品に関する EU 規則）．
7) 欧州食品添加物規則（REGULATION (EC) No 1333/2008, 2008 年 12 月）．http://eur-lex.europa.eu/LexUriServ/LexUriServ.do?uri=OJ:L:2008:354:0016:0033:en:PDF
8) この定義は，廃案となった新規食品規則の策定過程で合意されたものである．また，欧州委員会は全分野に適用可能な定義を明確にすべく，2011 年に一般的定義を提案し採択された．この定義には法的な拘束力はなく，現段階では実際に食品分野に当てはめられるのか不明であるとされる（FSA 2012）．
9) 欧州議会ホームページ．"MEPs call for ban on food from cloned animals"，http://www.europarl.europa.eu/news/public/focus_page/008-76988-176-06-26-901-20100625FCS76850-25-06-2010-2010/default_p001c009_en.htm
10) FAO/WHO がまとめている各国における規制状況（FAO/WHO 2012 ドラフト，p. 4）によれば，現在 EFSA により 4 つのナノ材料が評価されている（ドラフトであることに注意）．
11) FSA ホームページ．"Nanotechnology-enabled foods and food contact materials on the UK market." http://www.food.gov.uk/policy-advice/nano/monitoring/
12) FSA ホームページ．"Regulatory advice relating to nanotechnology-enabled foods or food contact materials." http://www.food.gov.uk/policy-advice/nano/regulatory-advice/
13) 欧州では，規制目的の定義の確立に向けて動いており，2011 年 10 月に欧州委

員会によるナノの定義の勧告（EC 2011）が採択された．これは拘束力を持つものではないが，欧州レベルの一貫性と整合性を持たせるために採択したものである．

14) 食品に関する国際規格の策定機関であるコーデックスでは，リスク分析を以下のように定義付けている．「リスク分析とは，リスク評価，リスク管理およびリスクコミュニケーションの3つの要素からなるプロセスである」「リスク評価は，①ハザード（危害要因）特定，②ハザード（危害要因）判定，③暴露評価，④リスク判定の4つのステップからなる科学に基づくプロセスである」「リスク管理は，リスク評価とは異なるものである．関連するすべての利害関係者との協議を通じ，リスク評価と，その他の消費者の健康保護，公正な貿易の確保など関連する要因を検討して政策の選択肢を考慮するプロセスで，必要に応じて適切な防止管理措置を講じるものである」．「リスクコミュニケーションは，リスク分析の全プロセスにおいて，リスク，リスクに関わる要素，リスク認知について，リスク評価者，リスク管理者，消費者，業界，学界およびその他の利害関係者間で行われる情報・意見交換で，リスク評価やリスク管理措置の根拠の説明も含むものである」（コーデックス手続きマニュアルより）．

15) 全体の流れとしては，まずその物質がナノであるかどうかを判定（ナノでなければこのガイダンスの適用外）．ナノであれば，暴露シナリオを検討（暴露しなければこのガイダンスの適用外）．暴露する可能性がある場合，バルク形態で同じ利用目的の承認済みの物質があるかを確認．バルク形態で承認がある場合は，吸収前に消化管で全て分解するかどうかを確認（完全に分解するならこのガイダンスの適用外）．消化管の中で分解する場合は，局所の刺激性等と遺伝毒性試験で十分と考えられる．分解されない場合は，①90日間の毒性試験，②吸収，分布，代謝，排泄（ADME）試験，③遺伝毒性試験を行い，そのデータをナノとナノで無かった場合とで比較して判断する．バルク形態で承認がない場合は新規物質として，基本的に各々の食品関連分野の申請・評価に要求される全ての毒性試験を行う必要がある．

16) 英国・環境食料農村地域省（Defra）の人工ナノマテリアルに関する自主的報告スキーム（Voluntary Reporting Scheme for engineered nanoscale materials）Defraホームページ．http://www.defra.gov.uk/environment/quality/nanotech/policy.htm　http://www.defra.gov.uk/environment/quality/nanotech/documents/vrs-nanoscale.pdf や，米国・環境保護庁（EPA）のナノスケール物質のスチュワードシッププログラム（Nanoscale Materials Stewardship Program）．

参考文献

Agra Europe 2011: "Novel food law eyed before 2012," April 8, 2011, 4.
Barben, D. et al. 2008: "Anticipatory Governance of Nanotechnology: Foresight,

Engagement, and Integration," Hackett, J. et al. (eds.) *The Handbook of Science and Technology Studies*, 3rd ed., The MIT Press, 979-1000.

Bowman, D. and Hodge, G. 2006: "Nanotechnology: Mapping the Wild Regulatory Frontier," *Futures*, Vol. 38, 1060-1073.

Bowman, D. and Hodge, G. 2008: "'Governing' Nanotechnology without Government?" *Science and Public Policy*, Vol. 35 (7), 475-487.

Cantley, M. and Lex, M. 2011: "Genetically Modified Foods and Crops," Wiener, J. et al (eds.) *The Reality of Precaution-Comparing Risk Regulation in the United States and Europe*, RFF Press, 39-64.

Chau, C. et al. 2007: "The Development of Regulations for Food Nanotechnology," *Trends in Food Science & Technology* Vol. 18 (5), 269-280.

EC (European Commission) 2008a: "Recommendation on a Code of Conduct for Responsible Nanosciences and Nanotechnologies Research". http://ec.europa.eu/research/science-society/document_library/pdf_06/nanocode-recommendation-pe0894c08424_en.pdf

EC (European Commission) 2008b: "Communication from the Commission to the European Parliament, the Council and the European Economic and Social Committee-Regulatory Aspects of Nanomaterials". http://ec.europa.eu/nanotechnology/pdf/comm_2008_0366_en.pdf

EC (European Commission) 2011: "Commission Recommendation of 18 October 2011 on the definition of nanomaterial" (2011/696/EU). http://eur-lex.europa.eu/LexUriServ/LexUriServ.do?uri=OJ:L:2011:275:0038:0040:EN:PDF

EFSA (European Food Safety Authority) 2009: "The Potential Risks Arising from Nanoscience and Nanotechnologies on Food and Feed Safety". http://www.efsa.europa.eu/en/scdocs/scdoc/958.htm

EFSA (European Food Safety Authority) 2011: "Guidance on risk assessment of the applications of nanoscience and nanotechnologies in the food and feed chain". http://www.efsa.europa.eu/en/efsajournal/doc/2140.pdf

European Parliament 2009: "Resolution of 24 April 2009 on regulatory aspects of nanomaterials (2008/2208 (INI))"

ETC group, 2004: "Down on the Farm-the Impact of Nano-Scale Technologies on Food and Agriculture". http://www.etcgroup.org/upload/publication/80/02/etc_dotfarm2004.pdf

EU (European Union) 2011: Regulation (EU) No 1169/2011 of the European Parliament and of the Council of 25 October 2011on the provision of food information to consumers, amending Regulations (EC) No 1924/2006 and (EC) No1925/2006 of the European Parliament and of the Council, and repealing Commission Directive 87/250/EEC, Council Directive 90/496/EEC, Commission Directive 1999/10/EC, Directive 2000/13/EC of the European Parliament and of the Council, Commission Directives 2002/67/EC and 2008/5/EC and Commission Regulation (EC) No 608/2004. *Official Journal of the European Union*, L 304: 18-63 (http://eur-lex.europa.eu/LexUriServ/LexUriServ.do?uri=OJ:L:2011:304:0018:0063

FAO/WHO 2009: "FAO/WHO Expert Meeting on the Application of Nanotechnologies in the Food and Agriculture Sectors: Potential Food Safety Implications". http://www.fao.org/ag/agn/agns/files/FAO_WHO_Nano_Expert_Meeting_Report_Final.pdf

FAO/WHO 2012: ドラフト "State of the art on the initiatives and activities relevant to risk assessment and risk management of nanotechnologies in the food and agriculture sectors" http://www.fao.org/fileadmin/templates/agns/pdf/topics/FAO_WHO_Nano_Paper_Public_Review_20120608.pdf

Falkner, R. et al. 2009a: "Regulating Nanomaterials: A Transatlantic Agenda," briefing paper, Chatham House. http://www.chathamhouse.org/sites/default/files/public/Research/Energy,%20Environment%20and%20Development/bp0909_nanomaterials.pdf

Falkner, R. et al. 2009b: "Consumer Labelling of Nanomaterials in the EU and US: Convergence or Divergence?" briefing paper, Chatham House. http://www.chathamhouse.org/sites/default/files/public/Research/Energy,%20Environment%20and%20Development/bp1009_nanomaterials.pdf

FDA (Food and Drug Administration) Task Force 2007: "Nanotechnology Task Force Report". http://www.fda.gov/downloads/ScienceResearch/SpecialTopics/Nanotechnology/ucm110856.pdf

FDA (Food and Drug Administration) 2011: ドラフト "Draft Guidance" Considering Whether an FDA-Regulated Product Involves the Application of Nanotechnology Guidance for Industry" http://www.fda.gov/RegulatoryInformation/Guidances/ucm257698.htm

FDA (Food and Drug Administration) 2012: ドラフト "Draft Guidance for Industry: Assessing the Effects of Significant Manufacturing Process Changes, Including Emerging Technologies, on the Safety and Regulatory Status of Food Ingredients and Food Contact Substances, Including Food Ingredients that are Color Additives." http://www.fda.gov/Food/GuidanceComplianceRegulatoryInformation/GuidanceDocuments/FoodIngredientsandPackaging/ucm300661.htm

Friends of the Earth 2008: "Out of the Laboratory and on to Our Plates: Nanotechnology in Food and Agriculture". http://www.foeeurope.org/activities/nanotechnology/Documents/Nano_food_report.pdf

FSA (Food Standards Agency) 2008: "A Review of Potential Implications of Nanotechnologies for Regulations and Risk Assessment in Relation to Food". http://www.food.gov.uk/multimedia/pdfs/nanoregreviewreport.pdf

FSA 2012: "Open Board-Update on Nanotechnologies and Food". http://www.food.gov.uk/multimedia/pdfs/board/fsa120108.pdf

Gergely, A. et al. 2010: "Small Ingredients in a Big Picture: Regulatory Perspectives on Nanotechnologies in Foods and Food Contact Materials," Chaudhry, Q. et al. (eds.) *Nanotechnologies in Food*, RSC Publishing, 150-181.

Hodge, G. 2007: "Evaluating What will Work in Nanotechnology Regulation: In Pursuit of the Public Interest," Hodge, G. et al. (eds.) *New Global Frontiers in Regulation-The Age of Nanotechnology*, Edward Elgar Publishing, 111-133.

House of Lords 2010: "Nanotechnologies and Food". http://www.publications.parliament.uk/pa/ld200910/ldselect/ldsctech/22/22i.pdf

Hamburg M, 2012: "FDA's Approach to Regulation of Products of Nanotechnology" Science, Vol.336, no 6079, pp. 299-300 http://www.sciencemag.org/content/336/6079/299.full

I2TA 2011:「フードナノテクー食品分野へのナノテクノロジー応用の現状と諸課題」（執筆：松尾真紀子，企画：立川雅司，編集：上田昌文）．http://i2ta.org/files/TA_Report01.pdf

Jasanoff, S. 1995: "Product, Process, or Programme: Three Cultures and the Regulation of Biotechnology," Bauer, M. (eds.) *Resistance to New Technology: Nuclear Power, Information Technology and Biotechnology*, Cambridge University Press, 44-65.

JRC (Joint Research Center), 2010: "Considerations on a Definition of Nanomaterial for Regulatory Purposes". http://ec.europa.eu/dgs/jrc/downloads/jrc_reference_report_201007_nanomaterials.pdf

Kreyling et al. 2010: "A complementary definition of nanomaterial", *Nano Today*, 5: 165-8.

Marchant, G. et al. 2007: "Nanotechnology Regulation: The United States Approach," Hodge, G. et al. (eds.) *New Global Frontiers in Regulation-The Age of Nanotechnology*, Edward Elgar Publishing, 189-211.

松尾真紀子 2011:「食品分野に応用される新たな技術を管理する上での課題：ナノテクノロジー応用食品を事例に」『食品衛生研究』9月号，vol. 61, 15-24.

Pidgeon, N. and Rogers-Hayden, T. 2007: "Opening up Nanotechnology Dialogue with the Publics: Risk Communication or 'Upstream Engagement'?", *Health, Risk and Society*, Vol. 9, No.2, 191-210.

SCENIHR 2007: "Opinion on the Appropriateness of the Risk Assessment Methodology in Accordance with the Technical Guidance Documents for New and Existing Substances for Assessing the Risks of Nanomaterials". http://ec.europa.eu/health/ph_risk/committees/04_scenihr/docs/scenihr_o_004c.pdf

SCENIHR 2010: "Scientific Basis for the Definition of the Term 'Nanomaterial'". http://ec.europa.eu/health/scientific_committees/emerging/docs/scenihr_o_030.pdf

城山英明・吉澤剛・松尾真紀子 2011:「TA（テクノロジーアセスメント）の制度設計における選択肢と実施上の課題-欧米における経験からの抽出」(『社会技術研究論文集』8 巻，204-218 頁．

Sylvester, D. et al. 2009: "Not Again! Public Perception, regulation, and nanotechnology," *Regulation & Governance*, Vol. 3, 165-185.

立川雅司・松尾真紀子・櫻井清一 2011:「ナノテクノロジー応用食品をめぐる米欧の規制－対照的な政策形成とその背景－」『2011 年度日本農業経済学会報告論文集』，農林統計協会，170-177 頁．

東レリサーチセンター 2010:『食品分野におけるナノテクノロジー利用の安全性評価情報に関する基礎的調査報告書』（内閣府食品安全委員会，平成 21 年度食品安全確保総合調査）．http://www.fsc.go.jp/fsciis/survey/show/cho20100100001

第3章
ガバナンス形成における行動規範の意義
－欧米諸国の動向と日本での適用可能性－

櫻 井 清 一

1. 背景と課題

　ナノテクノロジーを活用した食品および関連資材の実用化が進みつつある．その一方，フードナノテクノロジー（以下，フードナノテク）の安全性に対して懸念を表明する論者や団体も少なくない．フードナノテクのリスク評価は，現時点では検討途上の段階であり，確定した評価基準は存在しない（立川 2008）．しかし多くの国では，リスク評価の検討途上であっても，フードナノテクをめぐるテクノロジー・アセスメント（TA）に着手しており，漸進的に TA を発展させようとしている．また TA だけでなく，フードナノテクの適切な管理を目指したガバナンスの領域でも具体的な議論が始まっている（I2TA 2011）．

　近年，ナノテクノロジー全般のガバナンスを形成する取り組みとして，欧米諸国では，企業や団体により自主的な行動規範（Code of Conduct：以下，時に C of C と略す）[1]を策定して，ステークホルダーに対し関心を喚起するとともに，導入を促す事例が増えている．これらは対象をフードナノテクに限定してはいないものの，食品や体内摂取の可能性の高い製品（化粧品等）も念頭に入れて作成されている．したがってフードナノテクのガバナンスを考える場合，行動規範の有効性は検討に値する重要な取り組みといえる．そして欧米諸国では，行動規範の導入がナノテク・ガバナンス形成に及ぼす効果

を検討する論考が公表され始めている（Bowman & Hodge 2009; IRGC 2009; NanoCode 2010）．しかし日本では，松尾らによる報告書（I2TA 2011）を通じて欧米での導入状況が紹介されている程度で，検討は緒についたばかりである．

そこで本章では，まずナノテクノロジー（一般）分野における自主的な行動規範の作成と運用の実態を検討するとともに，現時点での行動規範に基づく取り組みの意義または限界を明確にすることを目指す．また，日本の食品産業においてこうした取り組みを適用できるかどうか，予備的考察を併せて行う．

2. フードナノテクの現段階

食品分野でのナノテクノロジーの応用は，総論としては研究途上と言われている．しかし一部の製品は既に販売されている．また，ナノテクノロジーを「分子構造レベルでナノサイズの物質に関わる技術全般」と広くとらえれば，既に広く普及している食材・関連資材の中にもナノレベルの物質が存在する[2]．ナノテクノロジーを食品分野に応用することにより，栄養素や有効成分の吸収率の向上，食感の改善，保存性の向上などが期待されている．

その一方で，ナノ化した物質の安全性に関するデータが不足していることや，ナノ製品の定義自体の曖昧さ，さらに汎用的な測定方法が未確立であることに対して多くの懸念も表明されている．

このように，フードナノテクをめぐる安全性に関する情報は未だ限定されており，客観的な基準が存在しない状況にある．そのため，法的基準を設けてナノテクノロジーを食品に応用すること自体を規制することはどの国でもなされていない．しかし限定された情報下にあっても，規制の是非について検討する動き，またそのために必要な情報を収集し共有化しようとする動き，さらには議論の場をつくろうとする動きは各国でみられる．

こうしたガバナンス形成に向けた取り組みが活発なのは欧州諸国である．

EUでは2000年代後半より，委員会と議会の双方がフードナノテクの評価に関する報告や提案を各種公表している．さらに個別加盟国も，それぞれ国内で同様の取り組みをスタートさせている．こうした取り組みには公的機関だけでなく，民間企業やNGOなどの関与もみられる．

またアメリカでは，食品医薬品局（FDA）が2006年にナノテクノロジーに関するタスク・フォースを設け，パブリック・ミーティングを開催している．日本でも厚生労働省がナノマテリアルの安全対策に関する検討会を開催したほか，経済産業省や食品安全委員会も調査や情報収集を行っている．その中では食品分野も当然対象になっている．

3. 欧米における行動規範による自主的規制

3.1 行動規範導入の背景

本節では欧米諸国で策定されているナノテクノロジーに関する行動規範の特徴を説明するが，規範策定の背景について簡単に触れておく．

まず，概して欧米諸国では，早くからCSR（Corporate Social Responsibility：企業の社会的責任）への関心が高く，企業行動について対外的な説明責任を果たすことの重要性が個別企業に強く認識されている．関連して，ステークホルダー間，さらには一般市民も含めて，新たなイッシューが発生した場合，結果はどうであれ，まず議論の場を設けコミュニケーションを図ること自体の重要性がある程度意識されている．技術者や行政担当者の間では，遺伝子組換え食品の規制をめぐって欧州とアメリカの間に大きな認識格差が生じた経験が強く意識されていることも背景として指摘しておく（平川2005）．加えて，広範囲に応用可能と言われているナノテクノロジーの場合，ステークホルダーの範囲を設定すること自体が困難であるが，行動規範をきっかけとした自主的な取り組みを進めながら，ステークホルダーの範囲を探索しようとする傾向もみられる．

3.2 ナノテクノロジー行動規範の実際

表3-1に，本論で取り上げるナノテクノロジー行動規範およびそれに準ずる取り組みの概要と，先行研究等による評価を整理した．また，表3-2および表3-3には，代表的な行動規範の構成を例示した．以下，行動規範4事例（①～④）と，行動規範に準ずる取り組み2事例（⑤・⑥)[3])の特徴をまとめておく．

① BASF社：C of C Nanotechnology（BASF 2010）

多国籍化学メーカーBASF社のナノテク行動規範は，企業レベルで策定された規範の代表例である．自社のナノテクノロジーに対する姿勢をシンプルに説明している．その一方で，ナノテクノロジーの将来性をめぐる議論で時折話題にされる「自己複製型ナノロボット」[4])の実現可能性を「科学的幻想」と評価するなど，ナノテクノロジーに慎重な人々が抱く懸念に対して具

表3-1 ナノテクノロジー行動規範の概要

	BASF: C of C Nano	EU: C of C Responsible Nano Research	英国： Resposible NanoCode	IG DHS: C of C Nano	DuPont: NANO Risk Framework	ドイツ： Nanokomm-ission
制定年 策定に関与した主体	2010（最新） メーカー	2008 行政／公聴会参加者	2008 第三者機関／メーカー／出資者団体／科学者団体	2008 小売業者／コンサルタント	2007 メーカー／環境NGO	2010 行政／消費者団体／研究者／労組／メーカー／その他
ボリューム (A4判相当)	3 p	10 p	9 p	2 p	87 p	6 p（要約版）
ネットでの公開	○	○	○	○	○	○
リスク評価に関する指摘	○	○	○	○	○	○
予防原則に関する指摘		○		○		○
制裁措置に関する指摘						△（明確な結論は出ず）
モニタリングのルール		△（改訂に関する記述あり）				△（明確な結論は出ず）

注：各行動規範およびIRGC（2009），NanoCode（2010）による評価を参考に筆者作成．

表3-2 行動規範の構成例1（イギリス：Responsible NanoCode）

原則	Good Practice の例
1 関係者への説明責任	ナノテクおよび行動規範に対する組織内の責任分担を公表する
2 ステークホルダーの明確化	ステークホルダーの見解がどのように考慮されたかを公開する
3 従業員の健康と安全	公開の場での情報・事例共有
4 公衆衛生・安全と環境リスク	リスク評価に関する情報や結果を公的機関と共有する
5 社会・環境・健康・倫理面への広範な影響	ナノテクの及ぼしうる広範な影響について順を追って理解する
6 取引相手への関与	取引相手にも行動規範の適用を促す
7 透明性と情報公開	プロモーションでの「ナノ」という用語の適正使用

注：Responsible NanoCode（2008）より作成．

表3-3 行動規範の構成例2（スイス：IG DHS）

1. 序言
2. IG DHS 会員の義務
   2.1 会員企業固有の責務
   2.2 （製品に関する）情報の獲得
   2.3 消費者への情報提供
3. 製造業者・供給業者への要望
   3.1 個別企業への要望
   3.2 製品別の要望
4. （行動規範の）保証

注：IG DHS（2008）より抜粋して作成．

体的に説明しようという姿勢も読み取れる．HPからは行動規範に関連する情報にもアクセスできる．

② EU: C of C for Responsible Nanosciences and Nanotechnologies Research（European Commission 2008）

EU委員会が多様なステークホルダーからの意見を踏まえて2008年に策定した行動規範である．ナノテク研究を推進するにあたり，イノベーション力の向上と社会の持続性のバランスをとるために，情報公開の重要性，予防原則適用の推奨，リスク評価を進めることの必要性などを指摘している．また，2年ごとに規範のモニターと改訂を勧めている点も特徴的である．

③イギリス：Responsible NanoCode（Responsible NanoCode 2008）

王立協会，メーカー団体，さらに投資家集団などの連携により，2008年に策定された行動規範である．内容はEUの規範に重複する点も多いが，EU規範よりも簡潔に7つの原則としてまとめられている．また各原則を実践するうえで有効と思われる取り組みをGood Practiceとして例示してい

る.

④スイス：IG DHS C of C Nanotechnologies（IG DHS 2008）

IG DHS はスイスの小売業者により結成された業界団体である．同グループはナノテクノロジーを用いた製品の取り扱いに関して 2008 年に行動規範を策定している．商品に関連するナノテクノロジー情報の説明を小売業者の責務とすると同時に，取引先（製造業者）に対してナノテク製品に関する最低限の情報開示を求めている．実際，同グループの主要メンバーである MI-GROS 社では，メーカーに対してナノテク製品に関する簡単な覚え書きの提出を求めている[5]．製品流通の川上から川下までのフードシステム全体を想定した行動規範として注目されている．

⑤アメリカ：NANO Risk Framework（DuPont and EDF 2007）

大手化学メーカー DuPont 社と環境 NGO である Environmental Defense が共同で提案した枠組みで，報告書は A4 判 80 ページ以上にわたる．ナノテクノロジー導入に伴うリスクを PDCA サイクルに似た枠組みで評価することを提唱している．自社技術の環境への影響を適切に評価・管理し，説明するためのコミュニケーション・ツールとしての性格も併せ持つ．しかし NGO と連携しつつも大企業が主導で取り組むことの是非について批判も指摘されている（NanoCode 2010）．

⑥ドイツ：Nanokommision（BMU 2010）

ドイツ環境・自然保護・原子力安全省と，消費者団体も含まれた多様なステークホルダーが複数のワーキンググループ（WG）を開催し，ナノテクノロジーおよびナノ物質の望ましい利用法について多面的な検討を行っている．その第 1 期答申の概要が 2008 年に公表されている．内容は EU やイギリスの行動規範に類似している．その後第 2 期の検討に入り，第 1 期で提案された諸原則の認知・普及についてのモニタリングや，ナノテクノロジーの具体的な規制のあり方を検討する WG も開かれた．しかしながら参加者間の意見の対立もあり，まとまった結論には至っていない．それでもステークホルダー間の具体的な意見の違いを整理した表や，行動規範に依拠した取り組み

の実効性を高めるうえで参考になる事例など，議論の過程で明らかになったポイントが報告書に紹介されている．

これら先行する取り組み6例に共通する特徴として，以下の4点を指摘できる．

第1に，後述する日本企業が導入している行動規範に比べ，細かい内容に踏み込んで記述しており，そのボリュームも多い．どの事例もナノテクノロジーの及ぼしうる幅広い可能性と危険性，双方を想定しながらまとめられており，中には自然環境などマクロな分野に及ぼしうる影響にまで言及しているものもある．規範のボリュームは事例間に差があるものの，簡潔にまとめられることの多い日本の企業行動規範に比べれば，相対的に多い．

第2に，透明性や情報の公開性を重視していることも指摘できる．これらはどの規範の中でも繰り返し言及されている．また，行動規範をインターネットで広く外部に公開しており，関心を持つ人々との情報交換にも前向きである．

第3に，リスク評価の重要性に言及している．前述の通り，ナノテクノロジーの安全性評価については未確定の部分を残しているが，それでも議論を保留せず，リスク評価の前進に向けた努力をすべきであるという姿勢を強調している．ただし，評価のための客観的基準が現時点では存在しないため，リスクに関する具体的かつ数値化された指標は設定されていない．

最後に，いずれの事例も「自主的な」取り組みであることを強調している．そのためステークホルダーが規範に反する実践を行った場合，それに制裁を加えることはできない．また制裁に関する具体的な規定もない．

欧米の一部の研究者ないしコンサルタント組織から，これら行動規範に依拠した取り組みに対する評価も公表され始めている．まずボウマンとホッジ (Bowman & Hodge 2009) は，行動規範にモニタリングの明確な基準がないことと，制裁措置がないことを問題点として指摘している．しかし複雑かつ広範な事業領域を抱えるナノテクノロジーを管理するためには，行動規範に依拠した取り組みは，企業とステークホルダーが政府と共同して規制を進

めていく上で重要な第一歩（first cut）となると，その意義を認めている．また，リスク・ガバナンスに関するコンサルタントを行う機関である IRGC は，食品および化粧品ナノテクノロジーのリスク・ガバナンス形成に向けた提言書（IRGC 2009）において，ナノ製品の安全性やそれに対する責任を明確化するうえで，行動規範に基づく取り組みは意義があり，企業が透明性を確保しつつ自主規制を実行するためのツールとして有効であると評価している．その一方，行動規範が見せかけにとどまることも多いことも警告している．

　総じて欧米諸国では，部分的に問題点を指摘しつつも，ナノテクノロジーのリスク・ガバナンスを自主的かつ漸進的に進めるための「初期段階」のツールとして，行動規範をポジティブに評価する傾向にある．また，行動規範の策定やその評価に第三者機関や NGO が関与し，多様なステークホルダーが実際に関係を結びながら検討が進んでいることも特徴といえる．

4. 日本における行動規範を用いた自主的取り組みの導入可能性

　日本でも既にナノテクノロジーは広範に普及しており，食品分野での応用もスタートしている．日本国内でも今後，（フード）ナノテクノロジーの安全性をめぐる議論は高まると思われる．はたして欧米諸国のように行動規範を用いた企業等による自主的取り組みが導入されることはあるのか，またそれは可能なのかについて，現時点の日本国内の状況を踏まえて予備的考察を行う．

　行動規範そのものについては，日本の企業においても大企業を中心に導入が進んでいる．その背景には，CSR 活動に対する企業の関心の高まりがある．多くの企業では，CSR 活動を実践していることを社会に告知する手立てとして，または企業の透明性をアピールするメディアとして，行動規範を策定し，運用している．

　加えて，企業が構成する各種業界団体が，行動規範の策定やその実行を促

す手引書・マニュアル類を作成しており，行動規範普及の一助となっている．例えば経団連（日本経済団体連合会）は，1996年より企業行動憲章の策定を促す手引書を公表しており，その後も改訂を重ね，現在では第6版が公表されている（日本経済団体連合会 2010）．また食品製造業者が中心メンバーとなって構成する業界団体である食品産業センターも，相次ぐ食品偽装や事故への反省から，2002年に行動規範・指針作成の手引きを作成している（門間 2005；食品産業センター 2002）．この手引き書には，対象を食品産業に限定した注意事項や，中小企業が留意すべき事項の指摘も含まれており，より食品産業の特徴を踏まえた内容となっている．

しかしながら，日本企業が作成した一般的な行動規範と，前述した欧米諸国の企業・団体による規範を比較すると，その構成や内容には違いが見られる．まず，欧米の事例に比べ，日本企業の行動規範の構成は総じてシンプルであり，その内容は企業倫理や企業の社会的責任に関する原則的・抽象的なものとなっている．欧米の事例のように，特定の技術あるいは領域に関する項目を行動規範の中で具体的に規定することはほとんどない．また，行動規範に関する手引き書等が存在していることも影響しているのか，企業間に記載内容の大きな違いも見られない．

このように，特定分野に限定した項目を盛り込みにくいのが現在の日本の企業行動規範の特徴の1つとなっている．したがって，欧米のようにナノテクノロジーに限定した項目を行動規範の条文に具体的に記載するのは難しいと考えられる．現実的には，行動規範よりも細かい条項を規定する行動指針または企業内のマニュアル類のレベルで規定せざるをえないだろう．だがこうした規範よりも下位レベルの規定では，企業外への公開性が低まり，ステークホルダーへの協力要請や議論の場づくりを進めるうえで問題を生ずると思われる．

また，これは欧米の事例でも見られた特徴であるが，行動規範は自主的な取り組みであるがゆえに，その実践を精査するモニタリングの仕組みが曖昧になりやすい．社会環境の変化にあわせて規範の改訂が必要となることも

多々あるが，そのタイミングを規定するのが難しい．日本の企業では，行動規範の改訂は企業の経営トップ層が交代する時になされることが多いという[6]．ナノテクノロジーという最先端の技術をめぐる経済・社会環境は激しく変化していると考えられるが，こうした環境変化を企業トップが随時把握し，必要に応じて適切な変更を加えることができるかどうか，経営者の経営環境認識能力が問われることになる．

さらに日本の食品産業特有の課題も 2 点ほど指摘できる．第 1 に，食品産業を構成する各業種の市場占有率をみると，欧米諸国に比べ日本は寡占化が進んでおらず，中小企業の占める比率が総じて高い．正確なデータは把握できなかったが，大企業に比べ中小企業の行動規範策定率は低いという．したがって，自主的取り組みを促すにしても，行動規範を核にした取り組みを進めることは難しい可能性がある[7]．中小企業が個別に行動規範を導入することが難しいのであれば，中小企業が結成する業界団体で統一的な行動規範を策定し，それをもとに加盟企業や関係者とコミュニケーションをとることも考えられる．しかし業界団体が特定の方針を過度に構成企業に強制していると受け取られると，独占禁止法に抵触するおそれもあるという（食品産業センター 2002）．

もう 1 つの課題は，食品流通経路の多段階性への対応である．特定の流通段階における自主的な取り組みにとどまっていては，フードシステム全体を取り込んだガバナンス形成は難しい．前述したスイスの事例では，流通業者がメーカー側に情報提供を促した結果，結果として川上から川下までを縦断したガバナンスが形成されつつある．だがスイスでは流通業界の寡占化が著しいうえ，大手流通業者のほとんどが当該団体に加盟していたからこそ行動規範が効力を発揮したとも考えられる．日本では流通業者の寡占化はそれほど進んでいない．また流通の段階数，すなわち卸売業者の関与の度合いも食品の種類により異なり，流通経路は複雑に形成されている．メーカーであっても小売業者であっても，特定段階のみで自主的規制をスタートしても，他の流通段階のステークホルダーとの調整が不可欠となり，場合によってはコ

ンフリクトを生ずることが予想される．

5. おわりに

　まず，本章の内容を要約しておく．欧米諸国で展開しつつある行動規範に依拠したナノテクノロジー利用に関する自主的規制は，多様なステークホルダーに対し漸進的に関心を喚起させることにより，情報の公開と共有に一定の貢献を果たしている．また，行動規範をめぐる取り組み自体が協議の場づくりともなっている．ただしこうした取り組みを日本で適用する場合，やや抽象的な日本の企業行動規範の様式との違いが顕著であり，早急かつ同様の手法適用は難しいと考えられる．また，中小企業が多く，流通経路も多段階である日本の食品産業の構造特性を踏まえた手法の修正が必要と考える．

　現時点では日本国内のフードナノテクのガバナンス形成に向けた取り組みは初期段階であるが，その中でも民間企業の関与の度合いは弱く，行政主導による情報収集や委員会活動が中心となっている．ナノテクノロジーに関わる企業がより主体的にガバナンス形成に関与しうるための環境整備が必要と考える．例えば，中小企業の多さや，特定企業が先導することを嫌う組織風土を考慮すれば，企業横断的な組織を活用して議論の場を設定することはできないだろうか．NGO，技術者団体[8]，業界団体などが声かけ役・旗振り役となり，幅広い企業・団体からステークホルダーを集め，漸進的に議論を進めることが望まれる．また，日本の一般的な企業行動規範がこれまで抽象的な様式で設定されてきたことを踏まえ，市民に対する公開性では劣るものの，より下位の行動指針・マニュアルのレベルで議論の内容を具体的に記載することから始め，その後徐々に行動規範等，より上位の規定に盛り込んでいくことも考えてよいだろう．

　注
1) ここで Code of Conduct の訳語について触れておく．C of C の訳語としては

「行動規範」のほかに「行動憲章」または「行動指針」も用いられている．これらの訳語を組み合わせて用いる場合もある．その場合は，憲章＞規範＞指針の順で，右に行くほど対象とする範囲が限定的になる．本章では原則として行動規範に統一した．ただし固有名詞化している場合や，階層性を踏まえた説明が必要な場合は別の訳語も用いた．

2) 食品分野での応用例としては，プラチナをナノ構造化した白金ナノコロイドが商品化されている．また，既存の技術であるが物質特性上ナノレベルに相当する例としては，菓子の包装資材によく用いられているアルミニウムの蒸着技術がある．I2TA（2011）を参照．

3) 事例⑤と⑥は，Codeという語を自ら用いていないこと，報告書のボリュームが多いこと，さらに一般的な行動規範のように箇条書き的なコンパクトなまとめ方をしていないことから，行動規範に「準ずる」取り組みとした．ただし，欧米諸国の先行研究では他の行動規範と並列的に紹介されることも多い．

4) ナノレベルの小型ロボットを用いて，原子レベルでのモノづくりや，微細な病原体のチェックを行うことが期待されている．その一方で，ロボットの制御に対する懸念や，技術自体の非現実性を指摘する意見もある．

5) MIGROS社提供のフォーマットでは，ナノテクノロジーを用いた製品および「ナノ」という表示をしている製品の有無をメーカーに報告させている．該当する製品がある場合は，ナノテクノロジー・ナノ物質の使用状況，潜在的ハザードの有無などの報告を求めている．

6) 食品産業センター（2002）の策定に関わった担当者からのヒアリングによる．

7) 注6で紹介した担当者によれば，中小企業で行動規範が策定されにくい理由として，従業員数が少ないため，経営者が現場の職員の行動を直接モニターしやすいこともあるという．小規模な組織において文書化された規範を画一的に導入してしまうと，かえって「のれんの重み」で守られてきた社員間の人格的信頼（ルーマン1990）を崩してしまい，社員間のコミュニケーションを硬直化させることもあると考えられる．

8) その実効性については疑問も残るが，行動規範や倫理規程を設定している学会は多い．また，理系学部で必修科目化しつつある技術者倫理（学）では，こうした技術者集団間のコードをいかに実質化するかについて議論がなされている．

参考文献

BASF 2010: "Code of Conduct Nanotechnology". http://www.basf.com/group/corporate/en/function/conversions:/publish/content/sustainability/dialogue/in‐dialogue‐with‐politics/nanotechnology/images/BASF_Code_of_Conduct_Nanotechnology.pdf

BMU 2010: "Responsible Use of Nanotechnologies: Report and recommendations of the German Federal Government's Nanokomission 2011". http://www.

bmu.de/files/english/pdf/application/pdf/nano_schlussbericht_2011_bf_en.pdf
Bowman, D. and G.A. Hodge 2009: "Counting on Code: An examination of transnational codes as a regulatory governance mechanism for nanotechnologies" *Regulation and Governance*, 3, 146-165.
DuPont and EDF 2007: "Nano Risk Framework". http://www.nanoriskframework.com/files/2011/11/6496_Nano-Risk-Framework.pdf
European Commission 2008: "Commission Recommendation on a Code of Conduct for Responsible Nanosciences and Nanotechnologies Research". http://ec.europa.eu/nanotechnology/pdf/nanocode-rec_pe0894c_en.pdf
平川秀幸 2005:「遺伝子組換え食品規制のリスクガバナンス」藤垣裕子編『科学技術社会論の技法』東京大学出版会, 133-154.
IG DHS 2008: "Code of Conduct Nanotechnologies". http://www.innovationsgesellschaft.ch/media/archive2/publikationen/CoC_Nanotechnologies_english.pdf
IRGC 2009: *Appropriate Risk Governance Strategies for Nanotechnology Applications in Food and Cosmetics*.
I2TA 2011:「フードナノテク 食品分野へのナノテクノロジーの応用の現状と諸課題」『TA Report』1, 1-34.
門間裕 2005:「食品業界がとりくむ企業倫理」『農業と経済』72(1), 56-60.
ルーマン, N.（大庭健・正村俊之訳）1990:『信頼』勁草書房.
NanoCode 2010: "Synthesis Report on Codes of Conduct, Voluntary Measures and Practices towards a Responsible Development of N & N". http://www.nanocode.eu/files/reports/nanocode/nanocode-project-synthesis-report.pdf
日本経済団体連合会 2010:「企業行動憲章実行の手引き（第6版）」.
Responsible NanoCode 2008: "Responsible Nano Code". http://www.nanotechia.org/managed_assets/files/The%20Responsible%20Nano%20Code%20Update%20Annoucement.pdf
食品産業センター 2002:「食品企業の行動規範および行動指針作成の手引き」.
立川雅司 2008:「食品・農業におけるナノテクノロジー」『科学技術社会論研究』6, 68-75.

＊ホームページの URL は 2012 年 8 月現在のものである.
＊本章は櫻井清一・立川雅司・三上直之・若松征男 2011:「ナノテクノロジーのガバナンス形成に果たす行動規範の意義と限界」『フードシステム研究』18(3), 343-348 を基とし, 公表後の動向を中心に加筆・修正したものである.

第 II 部　萌芽的科学技術と市民参加

第4章
萌芽的科学技術に向きあう市民
－「ナノトライ」の試み－

三上直之・高橋祐一郎

1. 本章の課題

　新たな技術が社会に持ち込まれるとき，既存の利害や人々の倫理観・価値観との間で，緊張関係が生じることは珍しくない．緊張関係と言えば否定的な印象を受けるかもしれないが，科学技術と社会との緊張感ある対話は，研究開発やその成果の利用の道筋を，人々の倫理観や価値観，社会の状況に応じて修正していくために必要不可欠である．とはいえ，この緊張関係が対話の形を取らず，文字どおり衝突や摩擦，対立となる場合もある．
　その顕著な例は，組換えDNA技術を用いて作出された遺伝子組換え（GM）作物の環境放出及び食品利用をめぐる社会的な論争である．GM作物の論争から見えてきたのは，次のような現実であった．すなわち，萌芽的科学技術に対し，開発者や行政が抱く価値観と，一般市民が抱く価値観（市民的価値）に齟齬が生じた場合，技術自体が市民から否定され，将来性のある分野に対する研究さえ困難になる．また，研究開発が進み，応用の方向性が固まってくるほど，技術を開発し提供する側の問題意識は，社会的受容（PA: public acceptance）をいかに図るかに精力が注がれる傾向がある．その結果，対立する利害や価値観を有する人々との議論は，平行線をたどりやすく，軌道修正が難しくなる．そうした膠着状態に陥った後で，なお対話を試みることの意義は否定しないが，社会の状況に応じて技術の発展の方向性が

修正されていくようなダイナミズムは期待しにくくなる．

そこで，この段階に至る以前に，多様な価値観を有する人々同士の対話の場，あえて言えば衝突や摩擦の生まれる場をつくり出そうという発想が芽生えてきている．「アップストリーム・エンゲージメント」(upstream engagement) は，これを端的に表すコンセプトである (Burri and Bellucci 2008; Pidgeon and Rogers-Hayden 2007; Rogers-Hayden and Pidgeon 2007)．それは文字どおり，研究開発の早期の段階 (upstream) で，多様な利害関係者や市民が，当該技術の影響評価に参画 (engagement) することである．

ナノテクの社会的影響について比較的早い時期に包括的な検討を行い，その後の議論にインパクトを与えた英国王立協会・王立工学アカデミーの報告書によれば，ある技術に関して，「アップストリーム（上流／川上）」にあると言われる場合，そこには少なくとも3つの含意がある (RS/RAE 2004: 64)．第1は意思決定の側面，すなわち「技術の将来的な発展経路に重大な影響を与える意思決定がまだなされていない」こと．第2は技術がもたらす影響に関すること．ナノテクは「どのような社会的，倫理的な影響が生じるかが明確に見えておらず，依然として仮説の域を出ないか，あるいは他の技術との収斂 (convergence) によって決まる」という状態にある．第3は社会的受容の側面．「ナノテクに対する一般市民の関心はきわめて低く，世論において主要な位置を占めるには至っていない」という状態にある．

本章を含むこの第II部で焦点を当てるのは，こうした上流段階にある技術についての市民参加の方法である．市民の価値観や倫理観，社会のありように応じて，研究開発や応用の道筋が修正される契機となる，実質的な対話を生み出す場のデザインはどのようなものであろうか．

こうした問題意識から，筆者らは2008年から2010年にかけて，フードナノテクを対象とした，複数の市民参加型のプロセスを試行した．そのプロセスは大きく2つに分かれる．第1は，2008年に，一般の市民参加者を対象として，コンセンサス会議，グループ・インタビュー，サイエンス・カフェの3つの手法を組み合わせて実施した「ナノトライ〈NanoTRI〉」．第2は，

2010年に，消費生活アドバイザー・消費生活コンサルタントを対象として，「ナノトライ」により得られた市民提案文書，フードナノテクの専門家の議論に基づき作成された報告書について実施したグループ・インタビューである[1]．本章および次章では，これら2つの試みについて，それぞれの時点での総括も織り交ぜつつ時系列的に報告する．

2. コンセンサス会議の難点と本研究でのアプローチ

萌芽的科学技術の問題について市民参加で議論する方法を検討する際，参加型テクノロジーアセスメント（参加型TA）の代表的な手法であり，日本でも経験が蓄積されているコンセンサス会議は，その1つの候補として検討されてよい．コンセンサス会議は，一般から募集された十数人の市民パネルが，テーマに関する多様な専門家の情報提供も受けつつ，数日間かけて議論し，提言文書をまとめる手法である（小林2004；若松2010；三上2012）．1980年代にデンマークで生まれたこの手法は，その後世界各地で行われるようになり，日本でも1990年代末からGM作物やまちづくりなどをテーマとして十数回の開催実績がある．筆者らは過去に，いくつかのコンセンサス会議の企画や運営に携わってきた経験があり，2006年頃からナノテクに関して市民参加で議論するイベントを構想し始めた段階でも，まず念頭にあったのはコンセンサス会議のモデルであった．

しかし，コンセンサス会議は「そもそもどのような社会的，倫理的影響が生じるかが見えておらず，依然として仮説の域を出ない」（RS/RAE 2004: 64）状態にある技術に適用するには，いくつかの困難も予想された．その困難とは，振り返って整理するならば，主に次の2点であった．

第1に，参加する市民にとっては，何かを提言する前提として，論点を絞り込むにせよ，意見をまとめるにせよ，想定される影響が「仮説の域を出ない」ものである以上，仮定に仮定を積み重ねたような，高度な思考実験を行うことが求められる．フードナノテクで言えば，食品をナノサイズまで微細

化する技術は実用化されているが，ナノテクを適用したと謳って市販される食品はごく一部の健康食品等だけであり，謳われる効果がフードナノテクの適用によるものなのか，懸念が表明されている健康への影響は食材をナノ化したことによるものなのかなどは，専門家の間でも意見が分かれている．こうした状況で，参加者自身に提言文書を取りまとめることまでを求めるコンセンサス会議のようなスタイルが成り立つのかは，確信が持てなかった．

　第2に，社会的な論争が顕在化していないということは，利害関係者が明確に現れていないということでもある．このことは，企画運営側にとっても，専門家パネルの構成や，情報提供内容の組み立てなどの面で，実際上のやりにくさをもたらすと考えられた．コンセンサス会議を企画運営する立場からみると，参加者による問題のフレーミングを支援する形で，いかに専門家パネルを構成するかが，イベントの成否の鍵を握る．GM作物のように，すでに社会的論争があり，市民の関心も高いテーマであればこそ，互いに対立する複数の研究者や利害関係者に情報提供を依頼し，それをもとに参加者が賛成・反対などの議論を組み立てていくことを期待できる．ところが，そこまでの明確な対立が現れていない主題について，どのようにして専門家パネルを構成すればよいのか．そもそも何を根拠に会議の論点を設定することができるのか．コンセンサス会議をアップストリーム・エンゲージメントの手法として活用しようとするに際しては，こうした実際上のやりにくさが想定された．

　以上の問題が想定される一方，海外では一足先に，ナノテクをテーマとして参加型TAを実践した事例も報告され始めていた[2]．2005年に英国で行われたNanojury UKは，最も初期の代表的な実践例である[3]．ケンブリッジ大学などによるナノテク学際研究プログラムと環境NGOのグリンピース，新聞社のガーディアン，そしてニューキャッスル大学の政策・倫理・生命科学研究センターの4者が共同で主催した．選挙人名簿などを用いて，幅広く一般から集められた25人の参加者が，ナノテクに関する複数の専門家と対話しつつ，6週間かけて議論を進め，20項目からなる提言をまとめた．英国

ではまた，シンクタンクのデモスとランカスター大学による，Nanodialogue（2005-2006 年）や Nanotechnology, Risk and Sustainability（2004-2006 年）などの市民参加プログラムの実践もある．米国でも，2005 年にウィスコンシン州で，13 人の市民が参加してナノテクについてのコンセンサス会議が開かれている（Powell and Kleinman 2008）．また，2008 年には，アリゾナ州立大学の「社会におけるナノテクノロジーセンター」が，全米 6 カ所で市民計 74 人を集め，エンハンスメント技術へのナノテク応用をテーマとした市民対話 National Citizens' Technology Forum を行っている（Anderson et al. 2012; Delborne 2011; Kleinman 2011）．こうした試みは，GM 作物の論争を傍目で感じてきた，フードナノテクを開発し提供する側の要請でもあったことは論を俟たない．

とはいえ，ナノテクの研究開発の状況や，批判的な市民団体をはじめとする利害関係者の配置も異なる諸外国の状況を，そのまま日本に当てはめて考えることはできない．現に，日本の研究者の間では，「ナノテクノロジーが用いられる個別の技術領域を扱うというならまだしも，漠然とナノテクノロジー全体を対象としてテクノロジーアセスメントやコンセンサス会議といった取り組みが進められることが現時点で本当に有用なのかどうか，見極める必要を感じている」（阿多編著 2008：31）というように，コンセンサス会議を始めとする参加型 TA の適用を疑問視する声もあった．

以上の課題を考慮しつつ，筆者らはまず，2008 年に，次の 2 つのアプローチで市民参加の対話の場づくりを試みることにした．1 つは，コンセンサス会議の基本的特徴を維持しつつ，この手法を萌芽的技術に関する市民参加に活用しうるよう工夫を施すこと，もう 1 つは，提言の作成を求めない，比較的手軽な手法も合わせて用い，市民参加のプロセスを組み立てることである．

第 1 のアプローチは，まずコンセンサス会議における議論のしにくさを低減するため，ナノテク全体に視野を広げるのではなく，食品への応用にテーマを絞り込んだ．それにより，個別の研究開発のプロジェクトや，一部製品

化されている実例に即して具体性のある議論ができることを狙った．また，テーマの設定にあたっては，「ナノテクの食品への応用」という技術自体ではなく，「市民の食のニーズ」に焦点を当てて，フードナノテクはそのニーズを達成しうるのか，とした．例えば，「未来の食に何を求めるか」「ナノテクは私の食べたいものを作ってくれるか」などである．

　これは手法上の工夫ということにとどまらず，先述した GM 作物に関する激しい論争の経験を踏まえてのことである．農業・食品分野への萌芽的技術の適用は，人の健康や生活環境への影響だけでなく，文化や習慣などへの配慮も不可欠であり，とくに慎重に進めていかなければならない．GM 作物をめぐっては，科学的評価や経済効果を基にした開発者が普及を目指す技術のメリットと一般の人々が求めるニーズとの間の社会的なギャップが問題とされた．そこで筆者らは，まず，市民はどんな製品を求めているのかなど，農業・食品分野に対するニーズを抽出し，ナノテクの導入は，市民のニーズに応えることは可能なのか，そのニーズを満たそうとする場合，ナノテクはいかなる効果を有するのか，実際にその効果を得るにはどういった諸問題の解決が必要なのか，社会として優先すべきことは何かなどについて合意を形成しうるかを見出すことを目的に，会議を設計していった．言い換えれば，フードナノテクの社会導入を前提とする議論ではなく，技術の導入を求めているか否かという地点から出発できる土俵を設定した．

　また，フードナノテクを適用した商品は，まだ一般的に市販されているという状況ではなく，ナノ化が原因となる健康影響や環境影響は明らかでなく，GM 作物のように利害関係者が社会的に顕在化してもいない．このように論点が必ずしも明確でない中で，市民参加者への情報提供や専門家パネルの構成をどのように行うか，という点も，コンセンサス会議方式を用いる場合の難点であった．つまりは，会議の肝として，多様な意見を持つ専門家が均等な時間配分で参加市民や傍聴者に対して情報提供を行い，市民からの質問を受けるプロセスが存在することが重要である．しかし，フードナノテクでは食品科学や社会科学の専門家は存在しているが，社会的議論の形成過程で発

生する「推進派」「反対派」といわれる専門家が顕在化していない．そこで，筆者らは，見解の異なる専門家が市民の前で情報提供を行うという構造を無理に作らずに，1人のフードナノテクの専門家を指名し，イベントの開催期間の全体にわたり，情報提供や市民からの質問への回答などの対応全般を担当する役割として「メインコメンテーター」を設定した．また他数名の研究者やNGO関係者，民間企業の開発担当者等にも，専門家パネルとしての市民への情報提供のほか，メインコメンテーターの説明や回答を補完する形で参加を依頼することとした．メインコメンテーターは，食品科学の研究者であり，第一線でフードナノテクの研究開発に携わる(独)農業・食品産業技術総合研究機構（農研機構）食品総合研究所のナノバイオ工学ユニット長，杉山滋氏に依頼した．

 第2のアプローチは，コンセンサス会議のような本格的な参加型TAの手法だけでなく，サイエンス・カフェや各種のワークショップなど，より簡便な方法も組み合わせて用いることであった．これらの手法では，市民参加者に提言のアウトプットを求めることはしない．先に述べた思考実験の負担を参加者に要求せず，議論の対象となっている技術への疑問を幅広く提示してもらうことで，参加者同士で意見や印象を率直に交わすことが可能になると考えられる．情報提供も，最低限の正確さ，公平性の配慮は必要であるが，コンセンサス会議で要求されるような体系的・網羅的なものである必要はない．話題となる技術をめぐって，参加者の反応や相互作用を引き出すことができれば十分であると考えた．

 また，フードナノテクのように，影響評価において仮説的な側面が大きい技術に関しては，参加者による自由な発言の余地が広くある手法の方が，潜在的な論点の発見に有効であるとも言える．対話のための手法を変化させ，それが議論の内容にどのように影響を及ぼすかを比較検討するような試みにも意義があると考えた．

3.「ナノトライ〈NanoTRI〉」の設計

　以上の方針に基づいて，筆者らは，コンセンサス会議も含め，所要時間や参加人数，専門家の関与，提言の有無などの条件の異なる3つの手法を用いたイベントを同時に試行することにした．日程や予算の制約から，2008年9月から10月に2度の週末（計4日間）を用いることとし，コンセンサス会議，グループ・インタビュー，サイエンス・カフェの3種類を，「ナノトライ〈NanoTRI〉」[4]という一連のイベントとして行うことにした（表4-1）．科学研究費の共同研究のメンバー6人で実行委員会を組織し，この実行委員会が，北海道大学科学技術コミュニケーター養成ユニット（CoSTEP）と共同で運営した[5]．先述のとおり，メインコメンテーターの杉山滋氏に，コンセンサス会議での全般的な情報提供，サイエンス・カフェでの話題提供を依頼した．同氏からは，3つのイベントに共通して用いるため，フードナノテク全般について理解を深めるための情報資料（パワーポイント形式）の提供も受けた．この資料を，コンセンサス会議の出席者には事前参考資料として郵送の上，当日杉山滋氏がプレゼンテーションした．グループ・インタビューの参加者には事前に郵送して目を通してもらった．サイエンス・カフェの参加者には当日プレゼンテーションで示した．

　ナノトライを構成した3つの手法について，その位置づけや運用方法など

表4-1 「ナノトライ」のスケジュール

日程	2008年9月6日（土）	9月7日（日）	10月4日（土）	10月5日（日）
内容	【9：30～17：30】 ミニ・コンセンサス会議 1日目 ○知識の共有 ○鍵となる質問づくり	【9：30～12：30】 グループ・インタビュー 【15：00～16：30】 サイエンス・カフェ※	【9：30～17：30】 ミニ・コンセンサス会議2日目 ○専門家からの回答と対話 ○参加者同士の議論	【9：30～17：30】 ミニ・コンセンサス会議3日目 ○参加者同士の議論 ○提言の作成

注：※サイエンス・カフェの会場はJR札幌駅北口前のホテル内のカフェ．それ以外は北海道大学理学部の教室を使用．

表 4-2 「ナノトライ」で用いた3つの手法

	目的	結論	参加者	専門家	所要時間
コンセンサス会議	意見や判断の形成，提言	要	15～20人 (今回は10人)	出席	5～8日間 (今回は3日間)
グループ・インタビュー	多様な意見の抽出	不要	数人～10人程度	出席せず	2～3時間
サイエンス・カフェ	気軽な対話	不要	数人～数十人 (100人以上でも)	出席	1～2時間

の点から，少し詳しく述べておく（表4-2）．まずコンセンサス会議は，「市民パネル型会議」の典型である．市民パネル型会議とは，あるテーマについて，直接の利害関係のない一般の市民10～20人が専門家の情報提供や質疑応答を通じて理解を深めながら，数日間かけて議論をし，最終的に全員の合意で一定の判断や意見をまとめ，発表・提言するような手法である．このタイプの手法では，参加者が専門家からの情報提供を受けつつ，テーマに関してじっくりと話し合う．多様な背景を持つ市民の間に存在しうる対立の認識も含めて，まとまった意見や判断を得ることができる．会議に参加する専門家にとっても，情報提供するだけでなく，参加者から質疑やコメントを受け，それに対応することで，自分の研究テーマ，開発する技術などについて市民の反応を知ることができる．萌芽的科学技術に適用するには，前節で述べた難点が想定されるが，それらがうまくクリアされれば，最も本格的なアップストリーム・エンゲージメントの方法となりうる．今回の3つの手法の中では，時間や費用を最も多く要求する本格的な手法である．

コンセンサス会議は，市民パネル15～20人で，数回の週末を使い，5～8日程度かけて行うのが標準的設計であるが，今回はスタッフのマンパワーや対応できる日程，予算の都合から，市民パネル10人，日程も3日間に短縮した「ミニ・コンセンサス会議」として実施した（表4-3）．

コンセンサス会議と比べ，他の2つは，手法としては手軽なものである．グループ・インタビューは，ある事柄について多様な意見や反応を引き出すため，市場調査などで多用される手法である[6]．テーマや分野，実施者によ

表 4-3 標準的なコンセンサス会議と「ミニ・コンセンサス会議」の違い

	標準的なコンセンサス会議	ミニ・コンセンサス会議
会議全体の所要日数	5〜8日間	3日間
参加者(市民パネル)の数とグループ構成※	15〜20人程度 (5〜7人で3グループ)	10人 (5人で2グループ)
専門家パネルの数	数人〜20人程度	1人〜数人(今回は5人)
参加者が専門家と直接議論できる時間	1日半〜2日間程度	1日半
提言作成の時間	2日間(通常は宿泊を伴う)	1日間

注:※コンセンサス会議での議論や提言作成は，通常，参加者全員で討論する全体会議と，小グループに分かれてのグループ討論を交互に行いながら進行する．

り，詳細な形式は様々である．今回のテーマに関連する分野では，ナノテク一般について市民の理解のありようを解明するために，(独)産業技術総合研究所のグループが行った例がある（藤田・草深・阿部 2006）．グループ・インタビューでは，年代や性別，職業，家族構成などの属性別にグループをつくり，グループ間での意見を比較することもしばしば行われるが，今回はミニ・コンセンサス会議やサイエンス・カフェとの比較に主眼を置いているため，そうした属性に応じたグループ分けはしなかった．「一般市民」として公募した5人の参加者1グループで，主催者側インタビュアーの司会進行により，正味約2時間にわたって自由に意見や感想を述べてもらう形式で行った．メインコメンテーターをはじめ，フードナノテクに関する専門家はインタビューには直接参加せず，イベントへの関わりは情報資料を通じた間接的なものとなる．コンセンサス会議と比べれば時間は限られるが，少人数で非公開のセッションを行い，インタビュアーが自由な発言を促すことから，参加者から個人的な感想も含めた活発な発言があることを期待した．

一方，サイエンス・カフェは，喫茶店やレストランなど，リラックスした雰囲気の中で，研究者を囲んで科学技術の話題について語り合うイベントである．1990年代後半に英国やフランスで始まり，日本でも2005年頃から広く行われるようになっている．参加者から話題提供者に十分な質問ができる

第 4 章　萌芽的科学技術に向きあう市民　　　　83

ように配慮し，また参加者同士が気軽に語り合える雰囲気を生み出すために，市民が日常的に集まる場所で開催することなど，共通するコンセプトはあるが，例えば参加者の意見交換にどの程度比重を置くかなどは，主催者により異なっている．今回は，JR 札幌駅北口前のホテル内のカフェ（定員約 30 人）を会場とし，1 時間半のプログラムのうち，メインコメンテーターからの話題提供を約半分とし，残りの時間を質疑応答，議論に充てるという形式で行った．

4. ナノトライの実施経過と結果

　ナノトライの 3 つのイベントへの参加者募集は，2008 年 8 月上旬から，札幌市内や周辺でのチラシ（写真 4-1）配布，北海道新聞への新聞広告掲載，CoSTEP ウェブサイトでの告知などによって行った．ミニ・コンセンサス会議とグループ・インタビューの 2 つに関しては，事前に申し込んでもらい，応募者多数の場合は抽選することにした．

　ミニ・コンセンサス会議への参加資格については，イベントの全日程に参加でき，「未来の食品や，食品へのナノテクノロジーの応用に関心があり，それぞれのイベントに参加して，ほかの参加者や専門家の話をよく聞き，考え，積極的に議論してくださる方」（参加者募集チラシ）であれば，だれでも応募できることとした．グルー

写真 4-1　ナノトライの参加者募集チラシ
　　　　　（デザイン＝大津珠子）

表 4-4　ミニ・コンセンサス会議の参加者

参加者	年代	性別	職業
A	20歳代	男性	大学院生
B	20歳代	女性	会社員
C	30歳代	男性	家庭教師
D	30歳代	男性	公務員（中学校教諭）
E	40歳代	女性	作家
F	40歳代	女性	パートタイマー
G	40歳代	女性	会社員
H	50歳代	男性	公務員
I	60歳代	女性	自営業
J	70歳代	男性	自営業

表 4-5　グループ・インタビューの参加者

参加者	年代	性別	職業
A	10歳代	女性	大学生
B	20歳代	女性	大学院生
C	40歳代	女性	主婦
D	40歳代	男性	教育関係
E	60歳代	男性	無職

プ・インタビューとの重複参加は不可とし，両方に関心のある人には，第1希望・第2希望の希望順位を付けて応募してもらい，抽選の際に考慮することにした．なお，ミニ・コンセンサス会議とグループ・インタビューの参加者には，北海道大学の規定に沿った謝金を支払うこととし，募集要領にその旨を明記した．8月下旬までの約3週間の募集期間で，ミニ・コンセンサス会議とグループ・インタビューに計25人の応募があり，実行委員会において抽選を行った．性別・年代の構成がなるべく均等になるように配慮しつつ，ミニ・コンセンサス会議は10人，グループ・インタビューは5人の参加者を選んだ（表 4-4，表 4-5）．全員が札幌市内在住者で，年代は20代から70代まで，職業は会社員・公務員や自営業，大学院生，パートタイマーなど様々であった．

4.1 ミニ・コンセンサス会議

4.1.1 議論の経過

ミニ・コンセンサス会議は，2008年9月6日，10月4日，5日の3日間にわたり，北海道大学で行った．全体の進行（ファシリテーター）は，筆者の1人である三上が担当した．

会議1日目（9月6日）午前中，メインコメンテーターの杉山滋氏と，食

表 4-6 「ナノトライ」に出席した専門家（敬称略）

氏名	所属	ミニ・コンセンサス会議への情報提供（1日目）	ミニ・コンセンサス会議「鍵となる質問」への回答（2日目）	グループ・インタビュー	サイエンス・カフェ
杉山　滋	食品総合研究所ナノバイオ工学ユニット長	○	○	※	○
上田昌文	NPO法人市民科学研究室代表		○		
中嶋光敏	筑波大学教授		○		
南部宏暢	太陽化学株式会社 開発担当執行役員		○		
山中典子	動物衛生研究所安全性研究チーム上席研究員	○			

注：※印は情報資料の提供のみ．

表 4-7 メインコメンテーターの情報資料「食品とナノテクノロジー」の構成

1. ナノとは
   ナノとはどんな大きさか．食品ナノテクノロジーの対象とする大きさ
   ナノ化することで得られる特徴（表面積の増大，生体内での挙動変化など）
2. ナノ食品の実例紹介
   実際の製品の例（ナノ食品，ナノテクノロジーを利用した容器・包装など）
   ナノ食品に期待されるもの
3. ナノの計測
   原子間力顕微鏡（AFM）を利用したナノ計測
4. ナノ食品の安全性
   有効性・安全性に関する研究の現状
5. ナノ食品の研究プロジェクト
   農水省のナノテクノロジー食品プロジェクトの紹介

表4-8 ミニ・コンセンサス会議参加者から専門家への「鍵となる質問」(要旨)

1	そもそもナノにする必要性はあるのか	食品をナノサイズに加工するのは，難しいことだと思えるのだが，わざわざ加工することにどのような必要性があるのだろうか．技術が先行し，ニーズが後付けなのではないだろうか．食品のナノ化は誰が，何の食品でどのように始めたのか．その歴史も含めて説明していただきたい．
2	ナノのメリット	ナノ食品の最大のメリットとは何か．消化吸収が良くなるということは，機能性食品の機能性がより高まるのか．GM食品でも同様の研究（鮮度維持など）があるが，その上，ナノテクノロジーで研究する利点はあるのか．
3	ナノのデメリット	ナノテクノロジーという食品加工技術が人間にとって安全なのか危険か，まだ分かっていないということが分かったが，やはり，本当に安全なのかどうか知りたい．今，それが分からないのだとしたらそれはなぜか．アレルギー物質はナノになってもアレルギーをひきおこすのか．粉が喘息（ぜんそく）につながるのではないか．
4	許認可・規制	「ナノ」という言葉が拡散している印象がある．食品のことでは，「表示ラベル」に「ナノ」と書いてある時，その言葉は「本当の」ナノなのか疑わしい．ナノと呼ばれるための規格・標準化・用語の定義を早急に進めるべきだ．それも国際規格で進めるべきだ．というのも輸出入のことがあるからだ．現状の日本政府及び国際機関における「ナノ」の規格づくり，標準化，そして客観的な評価尺度の構築の進み具合を教えていただきたい．他国の「ルールづくり」も知りたい．政府はどのような方法でナノ食品を広め，発展させていく意図があるのか．
5	ビジネス・地場産業	【ナノ食材の開発について】実際の開発の現場では，どこまで開発が進んでいて，今，何をしているのか．一般の市場や，飲食業界にはどこまで普及しているのか．どんな企業が狙っているのか．ナノにすることで，コストが安くなるのか．政府や企業は，ナノテクノロジーにどの位お金をつぎ込んでいるのか． 【ビジネス，地場産業に活かす方法】北海道の景気アップにつながる産業はないか．
6	食文化	ナノ食品には食感や食味の変化があるというが，味覚，かみごたえなど，機能，栄養価以外でのメリットや魅力はあるのか．おいしさを失うことはないのか．食材として食品に利用される場合，摂食する人間が，ナノ食品を認識せずに口にしてしまうことが，倫理的に問題はないのか．また，それを防ぐための表示義務はどの機関がどのように定めるのか，あるいは現時点でも規制があるのか．ナノ食品による食習慣，食文化への影響はないか（消化吸収の良さから満腹感の喪失やかまなくなってしまうおそれ）．
7	ナノの未来	世界的な食料危機が訪れる中，いままで食べられなかったものをナノ化で食べられるようにならないか．ナノ食品を食べ続けることで人間の味覚は衰えないのか．「未来の食」は生命を維持するためだけのものか．私たちが食べたくなる「ナノ食品」を作ってほしい．食全体の中で，ナノテクノロジーが将来的にどのような位置を占めると専門家は考えているか．

品の安全性に関する研究者で、動物への投与実験に関して知見を有する農研機構動物衛生研究所の山中典子氏から、フードナノテクに関する基礎的な情報提供を受けた．杉山氏からは，食品ナノテクノロジー全般について，表4-7のような構成でレクチャーがあった．その後，杉山氏を補足する形で，ナノ粒子の安全性に関して山中氏が話した．

写真4-2 鍵となる質問を作成する会議参加者

午後には，10人の参加者だけで議論をし，7項目からなる「鍵となる質問」（表4-8，全文は巻末資料参照）をまとめた（写真4-2）．そもそも食品をナノ化する必要性

写真4-3 会議での専門家との質疑応答

があるのか，人体への危険性などナノ化することによるデメリットはないのか，などのほか，食習慣や味覚など，食文化への影響についての懸念も盛り込まれた．1日目終了後，実行委員会において，鍵となる質問に回答する専門家に依頼を行った．

10月4日に開かれた会議2日目には，杉山滋氏のほか，食品工学の専門家，化学メーカーのナノテク食品開発担当者，ナノテクの問題について調査や提言を行ってきたNPOの代表の計4人に専門家として出席していただいた（表4-6の山中典子氏を除く4人）．4人の専門家が，それぞれの専門分野から，鍵となる質問に答える約20分間のプレゼンテーションをした後，市民パネルとの間で質疑応答を行った（写真4-3）．さらに市民参加者が5

人ずつのグループに分かれ，2人ずつの専門家と交替で対話するグループ討議の時間も設けた．

このなかで，杉山滋氏は，1日目の説明を補足する形で，食品をナノ化する必要性について「通常サイズには無かった新たな特性が出てくる可能性があり，新たな機能を持った食品が開発されることが期待される」と述べた．味覚や食文化への悪影響の懸念については，「味わって食べることのできる，おいしい食感，食味の食品の開発を目指しており，ナノ食品で味覚が衰えることはない」と答えた．筑波大学の中嶋光敏氏も食品工学の立場から，食品加工にナノテクを応用するメリットと，食品をナノ化することで想定されるリスクについて，質問に答える形でコメントした．食品素材メーカーで開発を担当する南部宏暢氏は，企業での開発の実例として，界面活性剤（乳化剤）を用いた乳化や分散の技術を紹介した．その技術は現在では粒径数十ナノ〜数百ナノメートルのレベルに達しており，缶入りのコーヒーやチューハイなど我々が日常接する商品がこれらのナノテクに支えられていることが説明された．また，NPO法人市民科学研究室の上田昌文氏は，無秩序な氾濫が災いして一部の粗悪品をきっかけにナノ食品全体への拒絶感が強まるおそれや，安全性が十分確認されないままナノ物質の摂取が増え，その中に慢性疾患を引き起こすものが含まれていることが後から判明する可能性などを指摘．「こうしたことをいかにして回避するかがナノテク食品の大きな課題だろう」と述べた．

専門家との対話を受けて，会議2日目の午後から3日目（翌10月5日）にかけて，市民参加者だけで提言文書の作成を行った．まず，「未来の食に何を求めるか」「ナノテクノロジーは『わたしの食べたいもの』を作ってくれるのか」というナノトライのテーマに沿って，全体で自由に意見や感想を出し合い，提言の骨格をつくった．それをもとに，参加者が分担して草稿を作成し，その草稿を運営スタッフがパソコンに入力して，画面に映し出した文章を全員で検討し，必要に応じて再び分担し補筆する，という作業を繰り返し，議論を進めていった．

第4章　萌芽的科学技術に向きあう市民

4.1.2　ミニ・コンセンサス会議の提言

議論の結果できあがった全6ページの提言（巻末資料参照）の要旨は，表4-9の通りである[7]．安全性の確立や，企業・行政の情報公開などについても触れられているが，一方で「ナノテクノロジーを食品に応用するとすれば，このような食品が欲しい」といった提案もある．総じて，積極的に推進すべきというほど強いトーンではないが，かといって厳しい批判や反対意見でもない．提言の冒頭，「食べることは生きる歓びであり，生きる原点」と題された第1章で，市民参加者は，食品へのナノテクノロジーの応用は，各民族が育ててきた食文化を損なうものであってはならず，食べる歓びを確保するものであるべきだと主張している．

> 「食べるということ」それは，人間の命を支える根源的な行為であり，何世紀にもわたって，各民族が固有の食文化を守り続けてきました．噛むことで，おいしさを感じ，おいしいものを食べることで，幸せな気持ちになれます．
> 　食品の保存を目的とした原始的な食品加工（例えば，干す・漬けるなど）は，食材の原形が分かる状態なので，見た目で味や食感を想像することができます．
> 　ナノテクノロジーなどの新しい食品加工の技術が発達することで，食材を簡単に想像できないタブレット，ゼリー，液体でも栄養が摂取できるような商品も登場しました．これは，健康上の問題で消化機能がおとろえている人には福音である反面，見た目の味わいがなく，噛み応えのない，無味乾燥な食事が3食になる可能性も考えられます．食べることは生きる証．毎日，おいしいと感じられる食事を楽しみたいので，ナノ食品にもこの歓びを確保することを願います．
> 　食育や地産地消がうたわれていることもあり，時間をかけて，素材からゆっくり調理したものを家族と食べたいと思います．しかし，今の生活環境では，親も子も忙しく，半調理品なども利用しながら，食事の準

表 4-9　ミニ・コンセンサス会議でまとまった提言（要旨）

	「未来の食」への注文～ナノトライ「ミニ・コンセンサス会議」からの提言～
第1章 食べることは生きる歓びであり，生きる原点	・「食べるということ」は，人間の命を支える根源的な行為である．噛むことで，おいしさを感じ，幸せな気持ちになれる． ・新しい食品加工の技術が発達することで，食材を簡単に想像できないタブレット，ゼリー，液体でも栄養が摂取できる商品も登場した．これは消化機能がおとろえている人には福音である反面，見た目の味わいがなく，噛み応えのない，無味乾燥な食事が3食になる可能性もある．ナノ食品にも食べる歓びの確保を求めたい． ・食事を作る労力を軽減しながら，おいしく安全な食事ができる商品開発を望む．ナノ食品の研究・開発によって，とれたての味を産地でなくても食べられる可能性がある反面，地域風土と食材との結びつきが薄れる可能性もある． ・食物加工におけるナノテクノロジーを考えることは，食文化全体を見直すきっかけになる．
第2章 安全性の確立にむけて	1　ナノ食品の定義や基準の整備が必要 本提言では「ナノ食品」を，「食品自体のサイズがナノサイズであるというときには，一辺が100ナノメートル以下であるもの」「食品自体ではなく，食品加工，製造過程の段階でナノテクノロジーを利用したもの」「食品包装や容器にナノテクノロジーを利用したもの」と定義する．責任ある専門機関による，しっかりとした定義，ISOなどのような国際基準の作成を作ってほしい．
	2　消費者が安心して選択・購入できるためのナノ食品の表示の工夫・認証機関による認定 成分表示，製造過程，使用目的の表示の明確化を．ナノ食品と知らずに摂取することを防いでほしい．生理的に変化がおきそうな食品には警告表示を明示する規制をすべき．安心して購入できる統一規格としてのナノマークや段階別表示を導入してほしい．
	3　消費者の声が反映されるシステム 消費者が，製品のあり方についてナノ食品の開発者と一緒に能動的に考え，将来的ビジョンを打ち出すことのできるシステム作りを望む．
	4　安全な労働環境の確保 ナノ食品の製造に関わる労働者の安全性の確立を．労働者の健康影響についての継続的な調査が行われるべき．雇用者側による正確なリスク情報の提供や安全教育の実施など義務化を．
第3章 情報公開	1　企業への提案 企業は，ナノテクノロジー利用の実態の公表を．社会的なコンセンサス（合意）を得ようとするならば，積極的に製品情報の開示を行い，透明性を向上させるべき．企業自らリスク評価をし，対策と情報の開示を実施する戦略的情報開示がビジネスチャンスにつながる．
	2　公的機関への提案 公的機関やNPOなどは，多くの情報を集約し，広く発信を．消費者が「知りたい」と思った時に，容易にナノ食品について情報を得るためのアクセス環境の整備を．
第4章 私たちの願うもの	今より豊かな生活のための食品を，ナノの特性を十分に生かした形でつくってほしい．ナノ食品の進展のために，人体の生理機構に立ち返り，研究をす

望むもの		ることが必要である．そのメカニズムが解明される中で，ナノ化できる食品の範囲も，ナノ化の方法も定まるだろう．メカニズムが解明された上で選ばれるのは「食べる歓び」や「消化・吸収」を助けるナノテクノロジー．それを超えるものや反するものではない．
	1　味・風味・食感などの充実 人間が本能的に持っている食べることの「歓び」を実感できる食品／風味や新鮮さが長く保たれ，できたての弾力を維持できる食品／もちもち感やしっとり感のある新しい食感の実現	
	2　吸収率の改善 ナノ化した栄養素を添加し，吸収率を向上させた食品／機能性食品や栄養補助食品など，成分吸収率向上により，摂取量が少なくても，機能を果たす食品／単品の栄養ではなく複数の掛け合わせにより，相乗効果を狙った食品／多種の栄養素を摂取できるように，炭水化物に北海道の特産物をナノ化したものを混ぜ込んだ食品	
	3　外気や菌などから食品を守る技術 天然自然成分を使いナノサイズにした被膜を作り，菌の繁殖を遅らせる，もしくは賞味期限を引き延ばすことのできる食品／スプレーするだけで，被膜が食品を覆い，菌の繁殖を防いでくれるもの	
	4　廃棄されていた食材を，ナノ化で利用できるようにする技術	
第5章 未来の食に親しむ ～ナノ・アート教育～		食べるということは，命の根源に関わること．科学技術の進歩によって，食生活が日進月歩で変化していく可能性がある．すべての人々が身のまわりの科学技術，とりわけ食への応用について，知る権利がある．広義の科学教育，アート教育として，次の具体例を提案する．
	1　学校教育の場面 学校教育の中で，理科，家庭科，保健体育科などの科目において，科学技術，食育，人体のしくみに関連付けて，ナノテクノロジーを教科横断的な素材として取り扱う．実例として，学校給食の食材への関心を高める．総合的な学習の教材としての活用も考えられる．	
	2　メディアを積極的に活用した教材 学校教育の場面以外でも活用できるよう，メディアを利用した教材を製作，発信する．	
	3　子どもが感じ，親しめるような，身近なアートとしての素材 「遊びながら，ナノに触れる」をコンセプトに，ナノテクノロジーを題材とした遊具を製作する．例えば，「ナノトランプ」「ナノカルタ」など．ナノテクノロジーという新しい概念は，芸術として高めうる可能性もある．上質で，心の琴線にふれる表現によって，ナノが身近なものであることを印象づけられれば，すばらしい．	
	4　専門家と市民＝消費者の間に立つ人間の養成 消費者，市民に判断材料を提供するため，多数の分野の専門家から情報を引き出せる，コーディネーターとしての存在が必要である．そのような人材の育成を進める政策を求める．	
	5　ナノをともに語り合える，サロン的な場の創造 食や健康をテーマにして，専門家もふくめた市民がお互いに語り合えるサロンがあるとよい．自由な議論のできる場が，当たり前の存在になることで，よりいっそう，ナノを身近に感じ，主体的に判断ができるようになるだろう．	

備を短縮している現状があります．食事を作る労力を軽減しながら，おいしく安全な食事ができる商品開発を望みます．

(ミニ・コンセンサス会議 提言第1章から)

　研究開発がどういう方向に進むか現時点では明らかでないが，ナノテクの応用にあたっては，この「原点」を踏み外すべきではない——そうした価値観が表明されており，注目に値する．これは，ナノテク食品の研究開発と決して対立する意見ではないが，専門家の情報提供の中では必ずしも強調されていなかったポイントである．

　その一方で，「鍵となる質問」で展開されていた，食品へのナノテクの応用が本当に必要なのかといった懐疑的な視点は，提言の中では表立って表現されていない．これは，次章で詳論する消費生活アドバイザー・消費生活コンサルタントを対象としたグループ・インタビュー（2010年12月実施）の中でも指摘された点である．提言は市民パネル自身が起草したものであり，外部から何らかの意図的な誘導があって批判的なトーンが抑えられたといったことはない．とはいえ，鍵となる質問に現れていた市民パネルの疑問は専門家との対話を通じて自然に解消しており，そのため最終的な提言には現れなかった，といった単純なものでもなかろう．この点については，次章で改めて考察したい．

4.1.3　参加者による事後評価

　10人の市民パネルへの事後アンケートの結果，ミニ・コンセンサス会議への評価は，概ね肯定的なものであった．「2日目の会議で，4人の専門家と十分対話することができましたか」との問いには，参加者10人中2人が「十分できた」，6人が「ある程度できた」と答えた．また，2日目後半から3日目にかけて作成した提言について，「あなたのご意見は反映されたと思いますか」と聞くと，「反映された」2人，「ある程度反映された」7人という結果であった．会議全体の評価としては，「満足」5人，「やや満足」4人

という結果であった．ただ，「会議項目について，良く理解して書き出して行く仕上げの時があまりにも少なすぎ，あわててしまう．少し最後の時間を長くしてほしい」（アンケート回答から）などのように，提言をまとめるための時間の不足を指摘する意見が目立った．また，提言作成を行った3日目の会議について，自分の考えを他の参加者に伝えることが「あまりできなかった」，提言に自分の意見は「ほとんど反映されなかった」と答えた参加者もおり，提言の文章化が優先され，十分に発言の機会が回ってこなかったという感想もあったようである．このあたりが，鍵となる質問と最終的な提言書とのトーンの違いにも影響している可能性はある．それでも，出来上がった提言に関しては，大半の参加者が「短い期間でまとめたにしては，よく網羅されている」「パネリストの意見が偏りなく1つにまとまった」「意識の高い市民が意見を戦わせたことで，ある意味とりこぼしのない，一般を代表するような提言になった」（同）など肯定的に捉えていた．

　会議に出席した専門家を対象として，筆者ら主催者側が会議終了後に行ったインタビューでも，市民パネルのまとめた提言や，コンセンサス会議手法の有効性を肯定的に評価する意見が多かった．杉山滋氏は，「食品関係のナノテクに対する印象，イメージが決してマイナスでないことが分かっただけでも私にとっては大きい」と感想を述べた．中嶋光敏氏も「参加者の方に7割，8割のポイントを理解していただいた上で，違った意見を頂戴できた．今まで『一般の人はどう考えているのかな』と自信が持てないところがあったが，こういう意見が出て参考になる」と語った．一方，上田昌文氏はコンセンサス会議手法の有効性を評価しつつ，「これだけの時間とお金をかけてやっていることが，どれくらい社会に受け止められるものになるのかが不透明．これはコンセンサス会議そのものが担うべきというよりは，別の方法で成果を広めていく必要がある」と，課題を指摘した．

4.2　グループ・インタビュー

　グループ・インタビューは，2008年9月7日午前中，北海道大学で行っ

表 4-10 グループ・インタビューの実際の流れ

内容	時間配分※
0. 自己紹介，情報提供資料の説明など	30 分
1. 情報提供資料を読んでの感想，自由な意見	15 分
2. ナノテクノロジーに期待すること，デメリット	15 分
3. ナノテクノロジーに対するイメージ	15 分
4. 「これだけはやめてほしい」こと	10 分
5. 研究開発の方向性	5 分
6. ナノテクノロジーに期待すること，デメリット（再）	20 分
7. ナノテクノロジーの将来，今後の展開の予測	15 分
8. 感想，終わりの挨拶	5 分

注：※ 5 分未満の時間は切り捨てて表示した．

た．進行（インタビュアー）は，筆者の 1 人である高橋が担当した．インタビューでは，質問項目を整理した大まかなインタビューマニュアル[8]を事前に用意しておいたが，実際には，話の流れに応じて，このイベントのテーマに沿った質問を臨機応変に繰り出しつつ，進行した．インタビューの時間は正味約 2 時間 10 分であった（表 4-10）．まれに参加者同士で直接やり取りをする場面も見られたが，基本的にはインタビュアーが投げかける質問に対して，5 人の参加者が応じる形で進んだ．

4.2.1 情報資料への感想

参加者には，メインコメンテーターを含めフードナノテクの専門家はグループ・インタビューの場に招かないことを事前に伝えるとともに，3 つのイベント共通に作成された情報資料を送付して目を通してきてもらった．そこで，インタビューの冒頭では，情報資料への感想を自由に発言してもらった．「専門的な情報が多くて難しい」（A さん），「こういうのは難しいな，よくわかんないなっていう印象」（B さん），「正直なところ，あまりわかりませんでした」（E さん）など，一様に難しくわかりにくい，という感想が語られた．その上で，ナノテクについて意見を一言ずつ述べてもらうと，E さんが「賞味期限や保存期間の延長ができれば，それはちょっと画期的なことではないか」と積極的な意見を述べたほかは，4 人ともが違和感や疑問，規制の

必要性などを語った．その内容は，「安全性がはっきりしないまま出てこられたら気持ち悪い」「今，別に危惧をしているわけではないが，今までの私たちの食文化が変わってしまうというのは感じた」（Bさん），「危険であるかもしれないものをあえて使うことはない」（Dさん），「遺伝子組換え（食品のように）嫌だと言って選ばないようになってしまうのではないかという恐れがある」（Cさん），「ナノが入っていますと表示するとか，法律の制度はどうなのかとか，社会科学的な立場からちゃんとしてほしい」（Aさん）などであった．

4.2.2 フードナノテクに期待すること

次に，ナノトライのメインテーマであるナノテクへの期待や，食品にナノテクを応用することのデメリットについて発言してもらった．この論点については，他の話題を間に挟みながら，約35分間にわたって話が続いた．期待としては，「とってもおいしいものだとか，あるいはとっても保存がきいて地震や災害時に使えるもの，あるいはとっても健康にいいもの」（Dさん）というように，鮮度の維持や長期保存の可能性，吸収性の向上，栄養成分の保持などは発言の中で取り上げられ，支持されていた．いずれも，情報資料の中で「ナノ食品に期待されるもの」として挙げられている性質である．

【鮮度の維持や長期保存の可能性】

「賞味期限が延長されればもっと捨てるものも少なくなって，日本の自給率の向上にもしかしたらつながる可能性もあるのかな」（Aさん）

「私は食べ物を買うときに賞味期限が長いものは逆に買わない．なぜかというと，防腐剤がたくさん入っているから．それがナノの技術でできるのであれば逆に安全かなって思える」（Cさん）

「かりにいれたてのコーヒーが保持されて缶コーヒーとして飲めるのであれば，それはきっと飛びついていくであろう」（Dさん）

【消化，吸収性の向上】

「吸収のよいものとかはすごくいいものだと思う」（Bさん）

「消化,吸収性の向上は,例えばお年寄りとか赤ちゃんには良いんじゃないかなとは思う」(Bさん)

【栄養成分の保持】

「栄養成分保持とかは,良いと思います」(Cさん)

「おからの栄養分をそのまま残して豆腐が作れるとしたら,すごく興味深い」(Aさん)

「物そのものが小さくなるんだけれど,栄養とかカロリーとかが変わりないというものがあればいい」(Cさん)

【その他新たな機能,加工食品】

「もっと安い価格でダイエットできる食品ができればうれしい」「ジョギングするとか,プールで泳ぐとかすれば簡単なんでしょうけど,そういうきついことをしなくても,やせられる方法があれば」(Eさん)

「加熱時間短縮食品に関しては,例えば電子レンジが半分に済んでエネルギーの無駄が省けるのだったら,地球温暖化の問題も少し解決できるといった期待はある」(Aさん)

4.2.3 要らないもの,デメリット

一方で,情報資料に「ナノ食品に期待されるもの」として例示されているが,3人の参加者(いずれも女性)から,明確にこれは要らないと否定されたものもある.「食感,食味の変化」や「好まれない味の抑制」などである.

【食感・食味の変化,好まれない味の抑制】

「食感とかの変化,好まれない味の抑制,この辺はあまり要らないんじゃないかな.食感とか味とかっていうのは,赤ちゃんの頃から培ったもので,それは別に変えなくてもいいんじゃないかなって」(Cさん)

「『食感,食味の変化』とか,『好まれない味の抑制』なんかは,やっぱり今までの私たちが持ってきた食文化がたぶんすごく変わってしまうので,私たちがそれを受け入れたいと思ったときに受け入れた方が良いんじゃないか.私自身は食文化が人工的に変わってしまうことにすごく抵抗を覚えるので,

このあたりはとくに一所懸命やるところではないと感じる」（Bさん）

「乳濁飲料の半透明化」について，「牛乳が半透明化すると，どうなってしまうのか，それはもう牛乳と言えるのかどうかとか，その必要性とか，ちょっと気持ち悪いなって思ってしまう」（Aさん）というのも，同じ系統の反応であろう．Bさんは，この点を「食感，食味の変化」や「好まれない味の抑制」に限らず，もう少し一般化して次のように述べた．

「機能性がついたらお得感っていうのはある感じがするんですが，消費者が欲しくない機能はいらない．いる機能だけつけて欲しい」（Bさん）

【コスト，値段の上昇】

ナノテクを用いることで，「コストとか，値段が上がるのであれば買わない」（Cさん）など，食品の価格が上昇することへの懸念もデメリットとして語られた．

さらに，1人の参加者からは，できれば直接食品には使ってほしくないという意図から，「期待するもの」として次のようなことが語られた．

【「食品自体への使用は避けてほしい」という意見】

「ナノテクで作った粒子はあまり食品に入って来ずに，農薬を減らすとか土壌改良をするとか，そういうところで大いに使っていただければ」「ナノフィルターというものがあるんだそうで，そういうものを使えば安全な水ができるという，そういうものであればどんどん開発していけばいい」（Dさん）

「おいしい品種の野菜が自分でも育てられたら，などと思う．育てやすく，おいしいものができればいい．ナノテクがそういうことに間接的に役立てばいいが，こちらはこわがりで体にナノテクが入ったらどうなるのかな，と心配」（Dさん）

4.2.4　ナノテクのイメージ：全員が「安全性」の問題に言及

インタビューの中盤で，インタビュアーが「せっかくですから，ナノ（テクノロジー）に対するイメージ，これは食品に限定するわけではございませ

んので，どうぞお話をうかがいたい」と投げかけ，ナノテクに対する印象を自由に語ってもらう方向に話を展開した．すると，先の期待やデメリットに関する反応にかかわりなく，全員が安全性の問題を挙げた．

「決して口に入るものだけではなくて，皮膚に塗るものも害になるので，化粧品なんかにナノが入って，安全であればいいんですけれども，私自身は化粧品は脱石油をしたものを使おうと思っているので，やっぱり安全性が気になります」（Cさん）

「化粧下地でナノ粒子を含んだのを使っていたのですが，知らなかった．表示がきちんとなされていなかったので．〔会社のウェブサイトで調べて〕分かったときに，今少しずつ言われているじゃないですか，『ナノテク大丈夫なのか』って．だからちょっとやめようかなと思って，やめました」（Bさん）

「ナノをうたい文句にしているのは，きっとそれは良いことだと思うんですが，何に入っていて何に入ってないっていうのが分かんない状態も怖いですね」（Aさん）

Dさんからは，できれば直接食品には使ってほしくないという意見が，再び語られた．「化学反応が短時間で起こるっていうのは毒にもなりうるんだろうなっていうのは思います．ですから，重ねてですがあまり入ってほしくない気がします．きちっと勉強すれば良いとか悪いとか考えられるのかもしれないけれど，一般市民の立場ではナノテクはイメージでしか理解できないと思います．イメージで食品を考えるときに，やっぱり天然の自然の食べ物を我々は尊重してきたと思いますから，できるだけそういったものを多く提供していってほしい」（Dさん）

Eさんだけは，ナノテクについて直接語らず，食の安全性の問題として，事故米の問題や，農産物への残留農薬の問題などに触れたり，「自分で作って自分で食べるのがいちばん安心」だから自身はある種の加工食品や弁当類はできるだけ買わないようにしている，と述べるなど，間接的に安全性への不安や疑問を表現した．

第 4 章　萌芽的科学技術に向きあう市民　　　　　　　　　　　　　　99

安全性に関わって，表示の重要性も指摘された．「選ぶからには表示を信頼して表示が正しいことを前提にしないと本当に自分の意思で選択していることにならないので，安全性を考えたときに消費者が選ぶことのできる表示にすることが大事なんじゃないか」（Bさん）

「私の中の安全性というのは健康に対する安全性なので，添加物なんか入っていないものをやっぱり選んでいますので，とくにナノとかになってくると，表示をちゃんとしていかないといけないと思います」（Cさん）

4.2.5　研究開発の方向性と将来の予測

さらに，インタビュアーが「こんな研究がある〔と良い〕というのを，ちょっとよろしければ考えをお答えいただきたい」と展開し，研究開発の進むべき方向性，テーマなどについても語ってもらった．

Dさんは，食肉の産地偽装事件に触れながら，「実際に食品がどこの由来のものなのかというのが突き止めることができる」技術に応用できないか，と述べた．また，「安全性を評価したいとなったときに計測技術がしっかりしていないと研究ができない」（Bさん）と，基盤技術としての計測技術の必要性を強調する意見もあった．また，「日本では，みんなもったいないって分かっていながら，食べ物を捨てている．だからそういうふうに使っていけるような技術にお金をかけた方がいいんじゃないか」（Cさん）という提案もあった．

一方で，別の参加者からは，この分野の研究に資源を投じることへの疑問も語られた．「健康に対しては，いま物があふれている時代の中で，必要性がよく分からない．（中略）政府がここにお金をかけることより，もっと山積している問題がある」（Aさん）

グループ・インタビューの最後に，ナノテクの食品への応用に関して，今後の展開の予測や感想を，1人ずつ話してもらった．

Aさんからは「安全性を探す研究だけじゃなくて，不安要素を探す研究もしてほしいのと，何かあってからでは遅いというところがあるので，最悪

のシナリオをちゃんと予想しながら危険が起こらないように考慮してほしい」との要望が語られた．その上でAさんは「ちゃんと研究がなされて証明されれば，社会的に広まっていく可能性もある」と述べた．Bさんも，GM食品・作物と対比しながら，「こういう私たち一般の市民の声を聞くような催しをされている，といったところもたぶんGMOとは違うので，（中略）一般の人が安全性を分かるしくみを作ってさえいければ，どれくらい広まるかというのは全然わからないですけど，社会にちょっとずつでも受け入れられていくんじゃないか」と，見通しを語った．Eさんも，GM食品を引き合いに出して，「生産性が上がってある程度安全性が確保されるのであればGM食品の開発というのもやむを得ないんじゃないか」と述べ，ナノテク食品の場合も同様に考えていることを示唆した．

　これに対してCさんは，「安全性が市民に分かれば，例えば食品に関しても，どんどん売れていくんじゃないかと思うんですけれども，そうでなければ売れない，伸びていかないんじゃないかなと思います」と，社会的に受け入れられない可能性もあるのではないかとした．Dさんは，ナノテク食品の機能が進むと，「限りなく薬に近い話になっていき，厳格に安全性を審査する方に移行せざるを得なくなってくるんじゃないか」とし，きわめて強い管理下に置かれる筋書きもありうるという考えを述べた．

4.2.6　参加者による評価

　以上のようにグループ・インタビューでは，いくつかの論点について様々な角度からの感想や意見，疑問点などを聞くことができた．後日，参加者にインタビューの進め方や情報提供のあり方，手法の有効性などを尋ねるアンケートを行ったが，その中でも，「インタビューの進め方は，いかがでしたか」との質問に，5人全員が「適切だった」と答えた．また，「インタビューでは，あなたの考えを十分に話すことができましたか」という問いに，5段階で評価をしてもらったところ，2人が最上位の「十分に話すことができた」，残る3人も2番目の「ある程度話すことができた」を選んだ．グルー

プ・インタビューという手法のこのテーマに対する有効性について聞くと，これも5人中4人が有効だと思ったと答えており，グループ・インタビューは，フードナノテクへの上流での参加の手法として，十分に機能したと言えよう．課題が残ったのは，専門家による情報提供や，専門家のセッションへの関わり方である．専門家が参加しないセッションでの情報提供の方法や，議論の進め方をどう考えればよいか，これは後段の考察で改めて取り上げる．

4.3 サイエンス・カフェ

サイエンス・カフェは2008年9月7日の午後，JR札幌駅近くのホテル内にあるカフェで開催した（写真4-4）．約20人が参加した．進行（ファシリテーター）は，筆者の1人である高橋が担当した．メインコメンテーターの杉山滋氏が，3つのイベント共通に作成された情報資料に沿って約1時間プレゼンテーションをし，その後，約30分間にわたって質疑応答を行うという流れで進んだ（表4-11）．

研究者による話題提供約1時間に対して，質疑応答約30分という時間配分は，サイエンス・カフェの相場に照らして，話題提供に偏りすぎていたかもしれない．ファシリテーターは，研究者による話題提供が一定の区切りを

写真 4-4
サイエンス・カフェ

表 4-11　サイエンス・カフェの流れ

時間	内　　容
15：00〜	導入，テーマの紹介など
15：05〜	メインコメンテーターの自己紹介 プレゼン：1.　ナノとは 　　　　　2.　ナノ食品の実例紹介
15：30〜	3.　ナノの計測
15：50〜	4.　ナノ食品の安全性 　　　　　5.　ナノ食品の研究プロジェクト
16：00〜	質疑応答，会場からのコメント（主な発言のトピック） ・白金ナノコロイドの安全性 ・安全性に関して合意がない場合の情報公開のあり方 ・医薬品におけるナノテクの有効性 ・サプリメントと医薬品の関係 ・ナノテク食品とアレルギーとの関係 ・白金が選ばれた理由 ・顕微鏡で計測する際，針でなぞると形状を壊さないか ・天然のナノ食品の実態 ・ナノ化による有害物質の除去に関する研究 ・ナノ粒子の人体への影響，形状への配慮（アスベストからの連想） ・工業用と食品の違い，安全性
16：35	閉会

迎えるごとに，会場の参加者に発言を促したが，質問などは出されず，結果として話題提供が1時間連続する形となった．終了後のアンケートを見ると，声が聞き取りづらかったという記述が，16人中9人からあった．この会場でサイエンス・カフェを行うのは初めてであり，ホテル客室の騒音に配慮して，十分に音量を上げることができなかった．比較的長く続いたプレゼンテーションの間，参加者は話を聞き取りにくく，それにより質問しにくい面があったかもしれない．ただ，プレゼンテーションが終わった後には，大小十数個の質問がほとんど途切れることなく続いた．質問は，表4-11にあるように，研究内容や製品，技術に関する事実関係を尋ねるものが大半であり，グループ・インタビューで見られたような，率直な感想や意見の自由な表明はほとんど見られなかった．やり取りのパターンとしても，参加者が出した

質問に，メインコメンテーターが一問一答で答えるという形が中心であった．

5. ナノトライの総括

萌芽的科学技術について市民参加で議論するイベントを，3つの方法を比較しながら実施してみた．この「ナノトライ」の試行からは，次の各点が示唆される．

第1は，上流での参加の手法として，コンセンサス会議が有効に機能しうる，ということである．ナノトライのコンセンサス会議の企画段階では，「ナノテクの食品への応用」という技術の内容自体ではなく，「未来の食への注文」「わたしたちが求めるもの（求めないもの）」という市民のニーズの抽出に重点を置いてテーマを設定し，フードナノテクに対する提言文書を得ることには必ずしも重点を置いていなかった．しかし，今回参加した市民パネルは，通常のコンセンサス会議よりも短い時間で，提言文書の作成に至った．提言では，例えば「私たちの願うもの望むもの」の章で参加者の注文が表現されるとともに，冒頭の「食べることは生きる歓びであり，生きる原点」のように，技術の内容に縛られず食に関して市民参加者が大事にしたいことが表現された．こうした結果となったのは，上記のテーマ設定が結果的に功を奏したと考えられる．上流での参加では，対立する専門家同士の議論によって，問題点を浮かび上がらせるという方法を取ることが難しいケースも多い．参加者側のニーズから出発する形で中心的なテーマを設定し，専門家と市民との視点の差異を浮かび上がらせ，そこを核にして提言に向けた議論や意見形成を進めうることを，今回のケースは示している．

第2は，コンセンサス会議のような市民パネル型会議と，他の性格の異なる手法とを組み合わせて用いることによって，市民の意見や価値観の多様な側面を明らかにしうることである．とりわけ，グループ・インタビューは提言作成の拘束がないこともあり，対象とする技術について，ごく短い時間で参加者の様々な感じ方や意見，反応を引き出したい場合には有効である．サ

イエンス・カフェは，突っ込んだ議論や自由な感想，意見を引き出すという点では，グループ・インタビューやコンセンサス会議には劣るが，今回のように話題について包括的に語ることのできる専門家が得られれば，一般向けの双方向的な情報提供の手段として力を発揮する．目的や場合に応じて，これらの方法を使い分けたり，組み合わせたりすることが有効であろう．

　第3は，グループ・インタビューのように専門家が参加しないセッションにおける情報提供の問題である．今回，グループ・インタビューでは，短時間ながらも参加者の感想や意見が活発に表明された．専門家の出席を得なくても実施でき，参加者が自由に意見を出しやすいといったグループ・インタビュー特有の強みがこのイベントでも見出されたといえよう．一方，萌芽的科学技術というテーマの性質から，参加者からテーマの内容についての疑問や質問が生ずるのは当然だが，今回のグループ・インタビューでは，会場においてそうした質問に答えたり，補足説明をしたりする専門家は配置しなかった．そのことにより，参加者に不安を生じさせた可能性がある．グループ・インタビューの最中，参加者から事前に郵送された資料の内容が難しいとの発言があったし，事後アンケートでも「専門家に直接質問したり，意見を言ったりできないので，よく分からないまま議論しなければならないことに，若干不安を感じた」という感想があった．事前に参加者に郵送した情報資料が，専門家によるプレゼンテーションを前提とする2つのイベントと兼用で作成されたものであったことも，わかりにくさや不安感の原因であろう．当然のことではあるが，嚙み砕いた資料を用意したり，場合によっては映像を併用したりするなど，理解を深める配慮が必要である．しかし，会場でこうした説明に十分な時間を要すれば，肝心のインタビューの時間が短縮するおそれもある．今後，萌芽的科学技術に対してグループ・インタビューを実施する上で検討が必要な事項であろう．

　第4は，市民パネルを少人数とする新たな市民参加型手法の開発の可能性である．通常のコンセンサス会議は，性別，年代，職業など多様な属性を有する参加者による議論が必要であるとの視点から，15〜20人の市民パネル

第4章　萌芽的科学技術に向きあう市民　　　105

によって構成される．参加者各人が意見を出し合える議論の構成人数は5〜6人程度といわれるため，コンセンサス会議でも適宜この人数でのグループ討論が行われ，その結果を各グループが報告し合うといった形が取られることも多い．しかし，最低でも3グループの報告時間が必要となり，加えて互いの質疑応答の時間や参加者全体の会議のための時間がかかるため，通常のコンセンサス会議は5〜8日間を要している．筆者らが設計したミニ・コンセンサス会議は，予算等の制約によって市民パネルを10人とし，3日間に短縮して実施したものであったが，市民パネルは提言文書の作成に至り，かつ参加者の評価も高いという結果が得られた．この結果は，はからずも少人数で密度の濃い議論が達成されたことにほかならない．テーマの広がりや，それに応じた専門家の構成によって，つねにこの方法が取れるとは限らないだろうが，ナノトライの経験は，コンセンサス会議の特徴を維持しつつ，議論の深まりが期待できる新たな手法開発への可能性を示している[9]．

注
1) 一連のプロセスの中に2度のグループ・インタビューがあるが，本章でグループ・インタビューという場合，とくに断わりのないかぎり，2008年にナノトライの一環として行ったものを指す．
2) ナノテクノロジーに関する市民参加型の実践例のレビューは，Gavelin et al. (2007)，山口 (2008) を参照．
3) Nanojuryに関して，アップストリーム・エンゲージメントの視点から取り上げた論考として，Burri and Bellucci (2008), Pidgeon and Rogers-Hayden (2007) を参照．
4) 直接には「ナノテクノロジー〈Nano〉に関する3つの〈TRI〉イベント」を表すが，ナノテクノロジーへのアップストリーム・エンゲージメントが目指すべき方向性として，"Nanotechnology: Trust, Responsibility, and Integrity" の意味も込めた．ナノトライの詳細はウェブサイト (http://costep.hucc.hokudai.ac.jp/nanotri/) を参照．
5) 実行委員は，杉山滋郎（北海道大学，実行委員長），立川雅司（茨城大学），高橋祐一郎（農林水産省農林水産政策研究所），三上直之（北海道大学），山口富子（国際基督教大学），河野恵伸（農林水産省農林水産技術会議事務局）の6人である（所属は当時のもの）．この他に，アドバイザーとして若松征男氏，エバリュエ

ーター（評価者）として藤田康元氏の参画を得た．また，運営スタッフとして，CoSTEP 受講生（当時）の佐藤道子，白田茜，花岡賀子，横川修，横田麦穂，畠山拓也，宮村謙一郎の各氏がグループファシリテーター，書記などを担当した．
6) ある目的やテーマに沿った意見・情報を集めるため，対象を絞ってインタビューを行うという意味合いで，フォーカス・グループ・インタビューまたはフォーカス・グループと呼ばれることもある．
7) 提言の内容を含め，ナノトライの実施結果については，注4に記したウェブサイトで公表するとともに，各種学会での発表，関係団体，行政担当者への情報提供などを行った．
8) 事前に準備した質問項目は次のとおり．(1)ナノトライに応募した理由，(2)（ナノテクへの興味が多数の場合）資料中の「ナノとは？」の説明についての考え，（食品やイベント自体への興味が多数の場合）今の食品への要望，(3)資料にあるナノテク食品の実例についての感想・意見，(4)（期待が多数の場合）この中で販売して欲しそうなものは何か，（不安などネガティブな感想が多数の場合）資料中の「ナノとは？」の説明についての考え，または今の食品への要望（上記(2)で質問していない方を選択），(5)ナノテク食品の安全性について，(6)あなたが望んでいる食品は将来ナノテクで作れると思うか．
9) 本章は，既発表の拙稿（三上他 2009a，2009b）をもとに，大幅な加筆・修正を加えたものである．

参考文献

Anderson, Ashley A., Jason Delborne and Daniel Lee Kleinman 2012: "Information beyond the forum: Motivations, strategies, and impacts of citizen participants seeking information during a consensus conference," *Public Understanding of Science*, published online before print June 19, 2012.

阿多誠文編著 2008:『ナノテクノロジーの実用化に向けて：その社会的課題への取り組み』技報堂出版．

Burri, Regula Valérie and Sergio Bellucci 2008: "Public perception of nanotechnology," *Journal of Nanoparticle Research* 10: 387-391.

Delborne, Jason A., Ashley A. Anderson, Daniel Lee Kleinman, Mathilde Colin and Maria Powell 2011: "Virtual deliberation? Prospects and challenges for integrating the Internet in consensus conferences," *Public Understanding of Science* 20(3): 367-384.

藤田康元・草深美奈子・阿部修治 2006:「ナノテクノロジーと社会に関するフォーカス・グループ・インタビュー調査報告書」産業技術総合研究所ナノテクノロジー研究部門．

Gavelin, Karin, Richard Wilson and Robert Doubleday 2007: *Democratic technologies? The final report of the Nanotechnology Engagement Group (NEG)*,

Involve.

Kleinman, Daniel Lee, Jason A. Delborne and Ashley A. Anderson 2011: "Engaging citizens: the high cost of citizen participation in high technology," *Public Understanding of Science* 20(2): 221-240.

小林傳司 2004:『誰が科学技術について考えるのか:コンセンサス会議という実験』名古屋大学出版会.

三上直之 2012:「コンセンサス会議:市民による科学技術のコントロール」篠原一編『討議デモクラシーの挑戦:ミニ・パブリックスが拓く新しい政治』岩波書店, 33-60.

三上直之・杉山滋郎・高橋祐一郎・山口富子・立川雅司 2009a:「「上流での参加」にコンセンサス会議は使えるか:食品ナノテクに関する「ナノトライ」の実践事例から」『科学技術コミュニケーション』6: 34-49.

三上直之・杉山滋郎・高橋祐一郎・山口富子・立川雅司 2009b:「「ナノテクノロジーの食品への応用」をめぐる三つの対話:アップストリーム・エンゲージメントのための手法の比較検討」『科学技術コミュニケーション』6: 50-66.

Pidgeon, Nick and Tee Rogers-Hayden 2007: "Opening up nanotechnology dialogue with the publics: Risk communication or 'upstream engagement'?" *Health, Risk and Society* 9(2): 191-210.

Powell, Maria and Daniel Lee Kleinman 2008: "Building citizen capacities for participation in nanotechnology decision-making: the democratic virtues of the consensus conference model," *Public Understanding of Science* 17(3): 329-348.

Rogers-Hayden, Tee and Nick Pidgeon 2007: "Moving engagement 'upstream'? Nanotechnologies and the Royal Society and Royal Academy of Engineering's inquiry," *Public Understanding of Science* 16(3): 345-364.

RS/RAE (Royal Society and Royal Academy of Engineering) 2004: *Nanoscience and nanotechnologies: opportunities and uncertainties*, Royal Society and Royal Academy of Engineering.

若松征男 2010:『科学技術政策に市民の声をどう届けるか:コンセンサス会議,シナリオ・ワークショップ,ディープ・ダイアローグ』東京電機大学出版局.

山口富子 2008:「萌芽期の科学技術を取り巻く社会的文脈の考察:ナノテクノロジーを事例に」『科学技術社会論研究』6: 99-108.

第5章
媒介的アクターへの着目
―「市民的価値」をいかにガバナンスに接続するか―

高橋祐一郎・三上直之・立川雅司

1. 市民提案のゆくえ

　市民社会が，萌芽的科学技術の社会適用において「上流での参加」に関与する意義は，当該科学技術の社会適用を判断する重要な意思決定の場に，一般市民が抱く価値観（市民的価値）を表明することにある．これまでの科学技術の社会適用の歴史を振り返ったとき，市民社会は，その技術の適用や高度化が社会生活に有用となる可能性を感じていれば，その早期適用への希望を表明するであろう．とはいえ，ひとの健康や環境への悪影響が懸念されるならば，市場流通を目指した研究開発の方向性について，開発側の価値観と市民的価値との間に，齟齬が生じていたことが明らかになり，緊張関係とともに社会的論争に発展する可能性があろう．

　第4章で詳説したように，筆者らは，科学技術に対する市民的価値を明らかにするための手段として，すでに諸国で様々な形態で実施されてきた市民参加型会議の活用が有効である可能性を見出していた．しかし，市場流通によって想定される社会影響が明らかでなく，いわゆる「推進派」と「反対派」との意見の相違が顕在化していない萌芽的科学技術に対し，従前の設計による市民参加型会議をそのまま適用することに確信が持てなかった．そこで，種々の配慮や改良を加え，前章で詳説したナノトライとして実施したところ，市民パネルだけでなく専門家パネルからも高い満足度を得ることがで

きた[1]．このことから，透明性と独立性を担保して運営され，適切な議論が可能なように設計された市民参加型会議の実施は，萌芽的科学技術に対しても，市民と専門家との対話を促進し，多様な経験を持つ複数の市民における共通認識を抽出できる可能性があることを見出した．

次の課題は，このようにして得られた市民の共通認識を，市場流通を想定したフードナノテクの研究開発の方向性に接続していくことである．このステップを経ることによって，市民参加型会議で得られた市民の共通認識は，市民的価値に醸成され，社会全体のガバナンスに反映されていくことになろう．

2. 市民参加型会議の実施をとりまく諸困難

しかしながら，わが国において，ある時点での市民参加型会議によって得られた共通認識を，将来を見据えた研究開発の方向性に接続していくためには，いくつかの課題が存在している．

市民参加型会議の開催実践例も限定されている．コンセンサス会議は，1998年に遺伝子治療をテーマとした最初の実践（「科学技術への市民参加」研究会 1998；木場 1998；小林 2004）以降，高度情報社会（「科学技術への市民参加」研究会 2000），遺伝子組換え作物（農林水産先端技術産業振興センター 2001）やヒトゲノム（若松 2000）をテーマとしたコンセンサス会議が実施され，その後，脳死・臓器移植をテーマにコンセンサス会議をベースとして設計された「ディープ・ダイアローグ」（市民参加研究会 2004；若松 2010）など，様々な手法が模索されてきた．しかし，2006-07年に北海道が実施した遺伝子組換え作物をテーマとしたコンセンサス会議（北海道 2007）と2008年のナノトライ以降は，本章執筆の時点（2012年9月）まで国内でのコンセンサス会議の実施例はない[2]．

なぜ，市民参加型会議が必ずしも広く普及していないのであろうか．換言すれば，なぜ市民の側から実施を求められず，市民の意思を政策に反映させ

たい側からも積極的に企画されることが少ないのだろうか．本節では，若松（1996，2010），三浦ら（2012）の先行文献のほか，筆者らの経験（高橋ら2002）も併せ，いくつかの視点について列挙する．これらの視点は，筆者らが媒介的なアクターに着目した背景ともつながるものであり，さらに媒介的アクターに対してインタビューを行ったことで，さらに別の要因も見出すこととなった（後述）．

第1に，結果の代表性という点である．この種の議論の場を設置しようとする主催者は，行政，議会，研究者などであるが，市民参加型会議の手法そのものについての研究者を除けば，その議論の結果として，代表性が担保された提言文書を求める傾向にある．しかし，市民参加型会議で得られる結果は，参加者の共通認識であり，市民社会の代表性までは担保されていない．このため，主催者が，結果の代表性を重視するならば，市民参加型会議は適していないと考えるだろう．ただし，若松（2010）は，市民参加型会議において共通認識として作成された文章には，多様な属性をもつ参加者が，専門家と議論しつつ合意形成をはかった過程が表現として含まれているため，専門家や行政の担当者が作成した文章よりも，市民の立場として"親しみが湧く"ものとなり，さらなる市民社会での議論を誘発するきっかけになりうるとして別の価値があると指摘している．

第2に，関係者を全て網羅できないという点である．特に，萌芽的科学技術をめぐっては，その性質上，意見の相違が社会に十分に顕在化していないため，ガバナンスの形成に不可欠なステークホルダーを特定すること自体が困難である．先の点とも関連するが，主催者が社会的に代表性のある結果を求めようとして，テーマに関係するステークホルダーを全て参加させなければならないと考えるならば，市民参加型会議は適していないと考えるだろう．

第3に，政策決定への接続という点である．これは市民参加型会議によって得られた結果を，行政機関や議会によって得られるフォーマルな意思決定システムに反映させることが，簡単ではないということに尽きる．もしも，市民提案の結果と，議会等フォーマルな意思決定システムの結果の間に齟齬

が生じた場合，どのように対処するのか（さらなる対話の場を設定するのか，間接民主主義に基づき議会の意思決定を尊重するのか），主催者は悩むことになろう．そうしたことが予測されるテーマ（市民にとっては声を上げたいテーマでもある）については，市民参加型会議の開催に懸念を示すことは想像に難くない．また，三浦ら（2012）は，コンセンサス会議の弱点として，生み出されるアウトプットが，政策決定者が活用できるほどの明快さに欠けており，アウトプットが政策形成システムの中で十分に活用されていないことを挙げている[3]．

　第4に，会議の場での個人の発言と組織の立場の点である．専門家は，同業の専門家に対して説明することは日常的に行っていると考えられるものの，市民の生の質問に公開の場で答える経験は乏しい．特に，萌芽的科学技術に関しては，今後起こりえる問題の輪郭すらも明確になっていないことから，専門家自身も社会全体の将来影響を見通せない状況に置かれている．また，市民参加型会議が開催されるほど社会的関心の高いテーマでは，すでに行政や専門家集団が主催する"公的な"別途の議論の場が開催されているはずであり，そこに"公的に"参加する個人の発言は，"公式的見解"を前提とした発言にならざるをえない．こうした状況において，組織に所属するテーマに関係する専門家や行政官個人が市民参加型会議に参加することは，そこでの発言が所属する組織の意思表明として捉えられかねないと危惧され，（公式的見解が容易に変更できない場合には）その組織上の立場との間で齟齬が生じかねないとの懸念がもたれる[4]．このため，なかには，公の場での市民社会に対する意思表明を見合わせる人々もみられる．

　第5に，市民提案が他の意見表出と区別されない可能性があるという点である．例えば，メディアなどで，市民提案が取り上げられる際，これが消費者団体など特定の意見を表出しようとする人々によるキャンペーンと同列に扱われてしまいかねない，という懸念である[5]．多様な経験を持ち，世代も性別も異なる参加市民の共通認識として作成された市民提案が，市民の立場を押し出すための社会的要求であると受け取られてしまえば，ガバナンス形

成に逆行する対立をかえって煽る結果につながりかねない．

　第6に，参加者にバイアスが生じてしまう点である．市民参加型会議に参加する市民は，年代や仕事の経験などに配慮した属性を決め，公募または無作為抽出を経て，抽選によって決定していくことが大原則である．市民参加型会議の参加者募集のために，ホームページや新聞広告といった手段を駆使し，参加を促す案内文書を付与した募集公告を，いかに多くの一般市民の目にとまらせるか，主催者は多大な努力を払う[6]．しかしながら，市民の側は，当該科学技術や市民参加型会議という手法への興味，自らの市民としての経験を提言に生かしてみたいと考える人々として，高い関心があったとしても，参加に伴う様々なコストのため，実質的に応募できる市民の条件は，かなり限られ，結果として参加者の属性に偏りが生じる可能性がある．

　このほか，市民参加型会議では，参加者の拘束時間が長いこと，多額の費用を必要とすること（科学技術への市民参加を考える会2002）なども，主催者が懸念する理由になっていると思われる．

　以上のような点が，現代の社会において市民参加型会議の開催を躊躇させる背景になっていると考える．言い換えれば，市民参加型会議という手法によって得られる，市民提案や鍵となる質問が，市民として関係する人々の対話のステップを経た共通認識であり，ステークホルダーや主催者の思惑に影響されていないものであることが，市民社会に理解されていないことにほかならない[7]．

　ただし，萌芽的科学技術においては，社会的な対立軸が認められていないという点から，参加した市民が，特定のステークホルダーの主張に影響されずに，自らの市民としての経験を表明できる可能性もある．実際，ナノトライにおいては，参加した市民パネルから，主催者に議論を誘導されたとか，市民提案の内容が，特定のステークホルダーの利害に反映させられたといった意見は存在しなかった．このことは，社会適用による影響が顕在化し，様々なセクターが社会的な意見を表明している科学技術よりも，萌芽的科学技術をテーマとして実施された市民参加型会議による市民提案が，ガバナン

スの将来像を提示しうる可能性を有するともいえよう．その意味で，主催者の懸念を払拭しながら必要なアクターを揃えていくことと，結果を社会に提示していくチャンネルを整備していくことが，市民参加型会議の普及における課題であると考える．

3. 媒介的アクターの位置づけ

筆者らは，ナノトライの終了後，前節の課題を検討しながら，萌芽的科学技術に対する市民的価値をガバナンスに接続するための手続きや方法について模索していた．その過程で，科学技術への理解や社会的な問題について，一般の市民と専門家やステークホルダーとの間に立ち，両者を媒介する役割を担っているアクター（媒介的アクター）の存在に着目した．例えば，関連分野のコンサルタント，アドバイザー，サポーター，消費者問題の専門家，NPOスタッフ，ジャーナリストといった人々である．媒介的アクターは，科学技術に直接関与する専門家・ステークホルダーではなく，どちらかといえば市民の側に属すると考えられる．しかし，一般の市民よりも幅広い情報を得て，当該科学技術の開発・利用に対して推進・反対の立場で社会的に表明される意見を網羅して把握しているため，いわゆる「素人」とはみなされない．彼(女)らは，豊富な経験と知識により，幅広いステークホルダーの存在とその特徴を理解し，ガバナンス形成上の可能性や課題を把握しやすい立場にある．こうしたことから，彼(女)らは，必ずしも明確でない市民の思いに適切な言葉を与えるとともに，専門家の言葉を市民社会に翻訳することで，ステークホルダー間の対話を促進し，両者の橋渡しをする役割を果たしうると考えられる．しかし，これまでの市民参加型会議のスキームでは，市民パネルの関心が消費者問題やメディアの役割といった視点に展開した場合には，専門家パネルに追加される可能性があるものの，こうした役割をアクターとして求めることはなかった[8]．

これらの点に着目し，筆者らは，市民参加型会議や専門家会議の結果に対

する媒介的アクターの多様な視点を得ることは，萌芽的科学技術のガバナンス形成において有益な知見を得られるであろうとの仮説を立てるに至った．

4. 媒介的アクターに対するグループ・インタビューの企画

　この仮説に基づき，筆者らは，ナノトライに続く次のステップとして，フードナノテクのガバナンス形成の可能性について，媒介的アクターの視点を得ることを目的とするグループ・インタビューを実施した．なお，企画・実施にあたっては，以下のようにいくつかの配慮を行った．

　第1点目は，インタビュー参加者へのナノトライの成果の提示方法である．先述したように，市民参加型会議への市民社会における理解が十分でない現状において，市民提案の文章だけを提示することは，市民同士の議論の結果で得られた共通認識であるという特性が理解されず，その内容の妥当性に議論が集中してしまう懸念があった．そこで，ナノトライのミニ・コンセンサス会議における関係公表資料一式（市民提案の全文日程，市民パネルの人数と属性，専門家の情報，市民パネルが作成した「鍵となる質問」，市民パネルの案内チラシなど）を参加者に事前に送付することとした．

　第2点目は，ステークホルダー間の対話を進める際の質問方法である．検討の結果，市民の文脈と専門家の文脈の違いについて意見を求めることが適当ではないかと考え，フードナノテクの現状と将来性について，専門家の議論を経て作成された資料である『フードナノテク：食品分野へのナノテクノロジーの応用の現状と諸課題』[9]（以下「専門家報告書」という）(I2TA 2011)を選定し，参加者への事前送付資料に加えることとした．

　この2点から，グループ・インタビューは，市民提案と専門家報告書を，異なる属性を持つ人々によるフードナノテクに関する「対話の結果」と位置づけ，それぞれについて議論していただくこととし，構成を2日間とした．また，インタビューの冒頭では，この2つの資料が作成された経緯について，配布資料を用意してオリエンテーションを実施した．

表 5-1 食品ナノテクのガバナンスについての
グループ・インタビュー参加者

	専門	性別	1日目 2010.12.12	2日目 2010.12.19
A	食品安全	女	○	
B	環境	女	○	○
C	環境	女	○	○
D	消費者問題	女	○	○
E	食品安全	女	○	
F	食品安全	女	○	○
G	食品安全	女	○	○
H	環境	女	○	○

　グループ・インタビューに参加する媒介的アクターについては，公益社団法人日本消費生活アドバイザー・コンサルタント協会（NACS）の協力を得て，食・環境の安全・安心，科学技術をとりまく諸問題に詳しい，消費生活アドバイザー[10]または消費生活コンサルタント[11]の資格を有する 8 名の方々（表 5-1）に依頼した．

5. 媒介的アクターに対するグループ・インタビューの結果

　グループ・インタビューは，2010 年 12 月 12 日，19 日の 2 回にわたり，東京都内で実施した．

5.1　市民提案に対する媒介的アクターの視点
　インタビューの 1 日目（12 月 12 日）は，主にナノトライの市民提案（全文を 182 ページ以下に掲載）を題材に，約 4 時間実施した．参加した媒介的アクター者は 8 名であった．この日のインタビュアーは，筆者のうち高橋が担当した．

5.1.1 鍵となる質問と市民提案のギャップ

まず，市民提案の内容についての感想について質問した．その結果，「共感できる部分は多いが，これはちょっとという部分もある」（Aさん），「1章から3章までは納得できるが，4章の"今より豊かな生活のため"がひっかかる」（Bさん），「言いたい放題という印象がある」（Cさん），「きれいごと過ぎるという印象」（Dさん），「ナノテクに対して本当にニーズがあることに，どの程度納得してこの提言が書かれたのか」，「メリットが強調された文章に見えるが，消費者は本当にこんなにナノを受け入れているのか」（Fさん），「本当に消費者の人がまとめたのか」（Hさん）など，いずれの参加者からも，違和感が提示された．

この違和感について，具体的な点を挙げていただきたいとの質問をしたところ，「鍵となる質問を提示した市民パネルを特定の方向に誘導して市民提案を作成したように見える」（Eさん），「鍵となる質問では，本当に安全なのか知りたいと質問しているのに，市民提案ではリスク評価の必要性について十分に書かれていないことに違和感がある」（Dさん），「鍵となる質問で，

写真 5-1　グループ・インタビューの風景

そもそも食品をナノにする必要があるのかと否定的に聞いているのに，市民提案ではナノを肯定的にとらえている」（Gさん）といった意見から，この違和感は，「鍵となる質問」と「市民提案」の文章の間に存在する表現やトーンについてのギャップであることがわかった．また「鍵となる質問を作って，専門家に質問をした上で，市民提案ができているとは思っていなかった，これらが対になっているという意識はなかった」（Bさん），「市民から鍵となる質問の提示されたことに対し，専門家が説得して市民提案に至ったように見える」（Gさん）といった意見があり，参加者の多くが同調した．このことは，市民参加型会議の結果の公表にあたり，市民提案と鍵となる質問を対にして提示することは，（特に両者のトーンに相違が見られる場合は）時にミスリーディングな印象を与える可能性があることを示唆している．また「参加した市民への教育とかバイアスが入れられたように見える」（Fさん），「たまたまグループの中に意見の強い人がいてそれに引きずられてこんな風になったというイメージもあった」（Gさん），「専門家と議論を通じて仲良くなったことで，専門家のペースに巻き込まれてしまったのではないか」（Fさん）といった指摘がなされた．これらの指摘は，ミニ・コンセンサス会議の参加者の満足度が高かった背景に，専門家と参加市民との対話の時間を十分とったことが関係していると分析していた筆者らの認識を，問い直すものであった．

5.1.2 市民提案の内容に対する評価

次いで，市民提案の内容の妥当性について質問したところ，表示や情報提供，教育，労働環境における安全性の確保に至るまで，フードナノテクに限らず新たな科学技術に対して市民が共通して求める論点が盛り込まれていることや，この技術によって，どのような目的を描けるのかについて論じている点については，好意的な意見が示された．また，「第1章の部分を深読みすると，ナノをポジティブにとらえながらも，何となく腑に落ちないという市民の感覚がわかる」（Aさん），「技術先行でニーズが後付けという疑問が

あるところ，未来の食への注文というテーマ付けはいいと思う」（Gさん）といった意見もあった．しかし「知りたいと思ったときに容易にナノ食品についての情報を得たい，というところが何を指しているか不明」（Fさん）「食べることは生きる歓びという第1章の冒頭は，自然素材を想像するものであり，加工食品のテクノロジーについて書いてあることに違和感がある」（Dさん），といった，内容のあいまいさも指摘された．その上で「要は定義とか基準が決まっていないのだが，そのものを客観的に説明してほしいとの気持ちが現れている」（Aさん）といった市民の感覚についても言及があった．また，「フードナノテクに関して市民パネルから提言を求めるのは時期尚早ではなかったか」（Hさん）といった，運営側の配慮が欠けていた可能性についても指摘があった．

5.1.3 市民提案の専門家への媒介

さらに，市民提案が出されたあとの活用方法について質問した．「市民の声のワンウェイではコミュニケーションにならない」（Bさん），「事業者と消費者が，意見交換会とかサイエンス・カフェを行うときの一つの材料に使う」（Fさん）といった具体的な活用方策が示された．しかし，「市民提案にはコストに関する言及が見あたらない」（Gさん），「ナノフードの定義が決まっていないのに，表示を求める議論をしているのは飛躍がある」（Cさん），「リスクとベネフィットに関して，具体的にどのような情報が欲しいのかを明示すると有益であった」（Fさん），「情報を出せというが，その中身がどんなことなのかわからないと事業者は戸惑う」（Gさん）といった，作成された市民提案の文章のままではステークホルダーや専門家への提示が困難である点が指摘された．

5.2 専門家報告書に対する媒介的アクターの視点

インタビューの2日目（12月19日）は，主に専門家報告書を題材に，フードナノテクのガバナンス全般をテーマに，約4時間実施した．参加者は6

名であった．この日のインタビュアーは，筆者のうち三上が担当した．

5.2.1 専門家報告書の文章に対する評価

参加者の全員が「フードナノテクに関する現状が，外国の動きも含めて網羅的にわかった」（Bさん）という意見に象徴されるように，完成度の高さが評価されていた．しかし「データが不足しているという記載は根拠のない不安を増幅させる」（Bさん），「この報告書を消費者が読んだら，自分は何をしたらいいのかわからないだろう」（Fさん）といった，消費者の視点がやや欠けている点が指摘された．また，「ナノサイズ化と安全性・毒性に関する研究はほとんどされていない現状は問題」（Cさん），「目的によってナノのサイズが変わり，吸収のされ方が違ってくることは，特定の使い方をした場合のメリットとデメリットを考えていかないと」（Dさん）といった，リスクに関する課題など，報告書にさらなる情報の盛り込みや研究者の取り組みを求める意見もあった．

5.2.2 論点の整理

この回は，参加者に対して付箋紙に関心事項を記入するよう求め，これを基にインタビュアーが質問しながら，論点を整理することとした．その結果，以下の3つの論点が見出された．

第1の論点は，ミニ・コンセンサス会議の「鍵となる質問」でも問われていた，食品にナノテクを導入する必然性，必要性は何か，という問題である．安全性や規制，管理などのテクニカルな議論以前に，そもそも食品にナノテクを応用する必然性が専門家の議論のまとめからは読み取れない，との指摘があった．また，メリットを含めた根本的議論を経ないまま，ナノをうたう食品や関連製品が，いわば野放しのような状態で氾濫しつつある問題について触れられていない点も指摘された．これらの指摘は，ミニ・コンセンサス会議の「鍵となる質問」と市民提案との"ギャップ"をめぐる違和感とも通じる論点である．GMOの例を引くまでもなく，萌芽的な技術では，開発者

のニーズが先行し，市民社会のニーズが置き去りにされがちである．その技術の適用によって社会生活の質を高められると主張するのではなく，社会生活の質を高めるために，なぜこの技術を用いなければならないのか，という根本的な問題を，技術開発の方向性を検討する議論の出発点とすべきというものであった．

　第2の論点は，専門家の間でさえ定義・安全性の評価が未確立な状況で議論を行うことの是非である．専門家報告書によれば，現状では，国際的に合意できる定義やリスク評価手法が未確立であり，そうした状況におけるガバナンスや消費者への情報提供のあり方が課題とされ，長年の食経験がある食材からきわめて新規性の強い健康食品まで，すべてがひとまとめに「フードナノテク」と括られてしまっている．このことにより，イメージだけで「よい」「わるい」が論じられてしまうことへの懸念が指摘された．また，ナノテクの場合，長期の食経験のある素材であってもナノ化による吸収率・反応性の増大が，過剰摂取などの問題を引き起こすリスクも専門家の間で論じられている．このことから，市民だけの集まりでは，「食経験があるから安全」，「自然界にあるものだから安全」といった単純なイメージで議論が展開していくことになりかねないとの警戒感も語られた．

　第3の論点は，消費者に対するコミュニケーションの課題である．現状では，フードナノテクの安全性に関する知見は限定的であり，「わからない」部分が多いとされるが，だからと言って，データが無いことを強調することや，まったく情報提供をしないのは，かえって不適切な期待や不安を引き起こしかねない．新たな知見が得られたときにどのように公表するのかも含め，見通しを持った情報提供の必要性が強調された．また，安全性やリスク評価に関する新たな知見がないままに，期待される効用や悪影響などの一側面をもって，安易に表示やマークを導入することは，問題に蓋をしてしまう弊害があることも指摘された．なぜナノテクの応用が必要なのかも含めて，消費者への情報提供は，いたずらに中立性を装ったものではなく，前提となるスタンスを明確にしたものであるべきとの指摘もなされた．

最後に，現在直面しているガバナンス上の課題とその対応について，参加者からの意見を求めたところ，概ね，次のような意見に集約された．まず，フードナノテクに関して開発が進む一方で，企業が情報を公表したり，表示していない現状では，何らかのアクターが行動を起こさなければ状況は改善しないと指摘された．では，行動を起こすとすれば誰か．基本的には販売者責任ということで企業が行動することが望ましいが，それが難しい場合には，一定の社会的強制力が働くであろう消費者団体が，消費者庁や農林水産省などの規制機関に働きかけ，表示や情報開示を求めることとし，具体的な方法としては，行政が方針を示し，これに基づいて業界団体などが第三者認証の枠組みを策定し，この枠組みのもとで表示や情報提供を行っていくことが有力な選択肢ではないか，との意見が出された．ただし，食品衛生法などの既存の制度もあるので，これらを有効活用することを考えるべきであり，ナノテクに特化した制度は作るべきではないとの意見もあった．また，情報の受け手である消費者の側の土壌も改善が求められること，すなわち，ゼロリスクはないということなど，食品安全に関する知識や考えを深めていくことの重要性にも言及された．これらの意見は，媒介的アクターとしての関連業界に関する知見と経験に裏打ちされた提案と受け止められ，今後の日本におけるフードナノテクをめぐるガバナンスを考えるうえでも，非常に示唆に富むものといえよう．

6. 媒介的アクターへのグループ・インタビューの総括

媒介的アクターは，先述したとおり，これまで市民参加型会議のアクターとしては，特に明確なグループ（あるいは立場）として位置づけられたことはなく，したがって参加を要請されることもなかったといえる．筆者らは，今回この媒介的アクターに対して，グループ・インタビューを試行することで，内容によっては想定さえしていなかった様々な角度からの指摘を受けることができた．

参加型手法に対する知見として新たに引き出された点として，特に重要な点は，市民参加型会議の結果の社会へのアピールのあり方についてであろう．グループ・インタビューの参加者は，異口同音に，同じ市民が作成している「鍵となる質問」と「市民提案」の文章のトーンの違いを指摘し，会議に参加した専門家や企画者が，鍵となる質問を呈した市民に対して議論の誘導を行った結果として市民提案が作成されたのではないか，との疑念が示された．この点は，筆者らが萌芽的科学技術に対してコンセンサス会議の方法を導入したことの妥当性への疑問にもつながり，本稿の前半において掲げた，市民参加型会議が普及しない要因以外の新たな留意点を喚起するものといえよう．こうした指摘に応えるためには，例えば，今回実施したように「市民提案」の補足のような形で「鍵となる質問」を添付するだけではなく，会議のプロセス全体を公開することにより，より会議の透明性を確保する手法などを検討していくことが必要であると考える．

また，議論，合意形成，文章作成について多くの時間が費やされる専門家報告書においても，市民社会への翻訳にあたっては，いくつかの不足している点や，配慮すべき点が指摘されたことから，萌芽的科学技術に関する専門家集団の議論においても，媒介的アクターの関与が有効であることを示唆している．

また，今後の日本社会において，ガバナンス形成をどのように進めるのかについても，消費者団体，行政，企業，業界団体の間での期待される役割分担や，最初にアクションを具体化する起点などに関して，具体的な提案が示された．

このように，今回の試みによって，媒介的アクターが有する知見と経験を導入することで，市民と専門家，ステークホルダーの対話を促進できる可能性が示され，（試論的なものにとどまるとはいえ）今後のガバナンスのあり方に関する一定の見通しを得ることができたと言えよう．

今後は，さらに異なったタイプの媒介的アクターへのグループ・インタビューの実施，市民参加型会議への媒介的アクターからのインプットなど，多

様な参加者とプログラムを導入して，さらに試行を積み重ねる必要があろう．その上で，萌芽的科学技術に対して実施された市民参加型会議により生み出された共通認識，専門家の対話によって生み出された見解が，様々なセクターの間の議論，さらなる市民社会との議論，政治的な議論といったステップを経て，（場合によっては市場化を見送ることも含め）この萌芽の科学技術に対するガバナンス形成に資するような社会的な仕組みを構築していく必要がある．

注
1) ナノトライで多くの協力者が得られた理由には，フードナノテクに関する興味に加え，市民参加型会議の特徴である単に市民を集めて議論させるものではないという手法への興味もあったと考えられる．
2) ここでいう"実施例がない"とは，市民パネル主体の「コンセンサス会議方式」の会議であり，なおかつ「市民提案」が作成されたような実施例がない，ということである．
3) しかし，市民参加型会議によって得られたアウトプットをそのまま社会の意思決定と行動にスムーズに活用させられるような明快さを持たせることは容易ではない．例えば小林（2004）は，ファシリテータを務めた農林水産省が主催する遺伝子組換え作物に関するコンセンサス会議の経験も併せ，「消費者の懸念」を「研究機関での研究」に変換することは「一種の外国語の翻訳」と述べている．
4) 例えば，若松（2010）は，自らが中心となって企画運営した「三番瀬の未来を考えるシナリオ・ワークショップ」において，行政は開催を後援したが，行政の立場で参加・発言する候補者については，行政OBを含め得られなかったことを述べている．
5) 農林水産省や北海道が実施したコンセンサス会議は，市民による議論を経て提案がなされたことについて，当時の全国紙でも報道された．しかし，市民参加型会議の特徴や仕組みの解説は乏しかった．
6) ナノトライでは，公告として，新聞広告，ホームページ，案内チラシの配布のほか，共催者である北海道大学CoSTEPが過去に開催したイベントに参加した市民に対してメールによる案内を行った．
7) 市民参加会議の実施について公告し募集すると，多くの市民から応募が集まる事実はある．しかし，市民団体等から行政機関等に対して，市民参加型会議の開催を求めた例は現在のところほとんどない．
8) 媒介的アクターが，市民参加型会議の企画運営者やファシリテータの立場に就任する可能性はないではない．例えば，農林水産省が2000年に実施したコンセン

サス会議においては，運営委員の1人にジャーナリストが就任した．また2006-07年の北海道のコンセンサス会議では，北海道新聞の論説委員が実行委員として企画・運営に加わった．
9) 本書の共著者である立川，松尾らが，科学技術の社会的影響評価（テクノロジーアセスメント）に関するプロジェクト（I2TA）の一環として，フードナノテクの安全性や管理規制のあり方，社会への影響などについて最新の知見を集めて検討するため，研究者や食品メーカーの関係者などの専門家7人により，2010年5月から6月にかけて2回実施した議論の結果に，文献調査やインタビュー調査の結果を加えてまとめた報告書である．なお，同報告書は当時未定稿であり，インタビュー時点では「TAノート」という呼称を用いていたが，後に出版（I2TA 2011）された．
10) 「消費者と企業や行政のかけ橋として，消費者の意向を企業経営や行政等への提言に反映させるとともに，消費者からの苦情相談等に対して迅速かつ適切なアドバイスができる人材」（㈶日本産業協会ホームページ）として，内閣総理大臣及び経済産業大臣事業認定資格と位置づけられている．
11) ㈶日本消費者協会が開催する，消費者問題の専門家を養成する「消費生活コンサルタント養成講座」の修了者に対して与えられる称号．

参考文献
北海道 2007:『コンセンサス会議評価報告書－遺伝子組換え作物の栽培について道民が考える「コンセンサス会議」』．
I2TA 2011:『フードナノテク：食品分野へのナノテクノロジーの応用の現状と諸課題』．
「科学技術への市民参加」研究会 1998:『「遺伝子治療を考える市民の会議」報告書』．
「科学技術への市民参加」研究会 2000:『「高度情報社会－とくにインターネットを考える市民の会議」報告書』．
科学技術への市民参加を考える会 2002:『コンセンサス会議実践マニュアル』，同会．
木場隆夫 1998:「「遺伝子治療を考える市民の会議」の経過報告 その1 －日本で最初のコンセンサス会議の試み－」，『STS-NJ News Letter』，1997年第30号．
小林傳司 2004:『誰が科学技術について考えるのか』名古屋大学出版会．
三浦太郎，三上直之 2012:「コンセンサス会議の問題点の再考と討論型世論調査の活用の可能性」，『科学技術コミュニケーション』11, 94-105.
農林水産先端技術産業振興センター 2001:『遺伝子組換え農作物を考えるコンセンサス会議報告書』．
市民参加研究会 2004:「『「脳死・臓器移植」を考えた市民パネルの活動記録－専門家との対話から市民の提案へ－」 http://www.cse.dendai.ac.jp/i/wakamats/braindeath_doc/Report_A/02.html
高橋祐一郎，若松征男，小林傳司 2002:「コンセンサス会議に必要な環境整備につい

て」第 2 回科学技術社会論学会大会予稿集.
若松征男 1996:「素人は科学技術を評価できるか?」『現代思想』24 巻 6 号,青土社,97-109.
若松征男 2000:「合意形成への市民参加－意義と方法－」『生命倫理に関わる諸問題に関する研究開発動向及び社会的合意形成に関する調査　②生命倫理問題に対する社会的合意形成の手法の在り方に関する調査』三井情報開発総合研究所,119-152.
若松征男 2010:『科学技術政策に市民の声をどう届けるか』東京電機大学出版局.

第6章
専門家と市民の関係
― 語りが提起するもの ―

山 口 富 子

1. はじめに

　データの集積の途上であったり，データから現象の因果関係を読み取ろうとする段階であったり，社会的な実装のためのプロトタイプを制作している途上であったり，科学技術が身近な物にならない限りは，それが日常生活に何をもたらすのかなかなかイメージがしにくい．そこで，雑誌，新聞，テレビなど，マスメディアから流れてくる情報，さらにはインターネットから得られる情報，身近な人から聞く話など，断片的な情報を組み立てて，イメージを形成する．食品添加物，農薬，遺伝子組換え食品などに対し，なんとなく不安だという意識も（内閣府 2009；日本学術会議 2003；インテージサーチ 2008），こうした断片的な情報をもとに出来上がっている．本書がテーマとして取り上げるフードナノテクノロジーの場合は，これらとはその様相が異なる．フードナノテクノロジーは，これまでのところマスメディアあるいは近隣から情報を得る機会は少なく，不安の声も聞かれない．序章で触れているように，各種ナノテク応用製品が食品分野ですでに商品化され市場に出回っているものの，消費者の認知はほぼ不在といって良い．しかし，食品添加物，農薬，遺伝子組換え食品などと同類の意識が芽生えるかもしれないと注視されてきたからこそ，ナノテクノロジーに関する社会科学領域での研究が蓄積されてきた（例えば，David and Thompson 2008）．本章ではそのよ

うな背景を持つフードナノテクノロジーの参加型テクノロジーアセスメントで見られた市民の語りを手掛かりとして，市民がフードナノテクノロジーに対し何を感じるのか，またそれをどのように語っているのかを明らかにしたい．最後に分析の結果からプログラム参加者（専門家と市民の両方を含む）の社会関係と萌芽的な科学技術の参加型テクノロジーアセスメントを設計する際に配慮すべき点を考察する．

2. 問題の所在

従来から広く活用され社会的な意識に根付いている科学技術と今後幅広い導入が見込まれるが，今のところ社会的な認知度が低い科学技術を別のものとし，後者を「萌芽期の科学技術」と呼ぶことにする．また議論をする前提として，科学技術と社会の関係性を考える際に，科学技術的な萌芽という側面と社会認識の萌芽という2つの側面があるという点について押さえておきたい．以下にその定義を示す（山口・日比野 2010：iii）．

研究開発側にとっての萌芽する科学技術：
従来から広く認められ確立されている科学技術または産業界を含む社会において利用・応用が十分になされている科学技術とは異なる新規な科学技術を指す．したがって，新たに創出された科学的知識に基づき，それを実用可能なアイディア（技術やプロセス）にしようとする段階や，産業界・社会で利用・応用される前段階としてのプロトタイプ等を実現させる一連の期間にある科学技術の動きを指す．

社会認識側にとっての萌芽する科学技術：
既存の社会的意味体系の中に広く浸透し確定的な位置を占める科学技術とは異なる新規な科学技術を指す．その新規性や革新性は社会によって認識され，馴致されていく．したがって，未知なる事象として社会に気付かれた段階，多様な解釈・イメージ・メタファーがメディアや日常会

話の言説空間に現れた段階，出現した多様な解釈が時間の経過に伴い支配的な解釈に収斂されていく一連の期間にある科学技術の動きを指す．

　科学技術の発展というと一般的には研究開発側からとらえた発展のプロセスを指し示すが，科学技術の実装の過程において，社会の側においても社会的意味体系が確立するまでのプロセスが存在する．フードナノテクノロジーの場合は，この両面において，萌芽期にある科学技術と特徴づけられるが，科学技術のブレークスルーがあったり，社会的な関心を呼ぶような話題が生じたり，社会不安を起こすような問題が起こると，それまで散漫であった意味が一定の方向に収斂される．このような視点で，参加型テクノロジーアセスメントというプログラムの設計をとらえ直すと，運営側としては，準備の過程において，専門家によって提供される科学技術的な情報をわかりやすく伝えるための編集作業に合わせて，収斂されつつある多様な意味あるいは価値観を可視化するための何らかのしかけを設計の中に組み込む必要があるということになる．これまでの取り組みにおいては，前者にエネルギーが注がれる傾向にあったが，社会的意味を可視化するための作業と方法論の積み上げも求められる．本章では，そうした点にすこしでも貢献ができればよいと考える．

　次に，第4章で詳述した参加型テクノロジーアセスメントのプログラムを，近年見られる科学技術コミュニケーションのプログラムの中に位置づけながらその特徴を明らかにしたい．科学技術に関わるコミュニケーション・プログラムには，科学技術的な情報提供のためのプログラムから，対話が中心のプログラムまで，さまざまなものが存在する．「情報の流れ」と「市民の関与のレベル」という2つの観点からこれらのプログラムの特徴を整理すると，専門家から市民への情報の流れが一方向のプログラムと，双方向のもの，市民の関与が，第三者的なものから主体的なものというように分けることができる．情報の流れが一方向的かつ市民が第三者的な立ち位置の活動としては，研究所，行政などによる，市民，住民への説明会，ウェブ，パンフレット，

小冊子などを活用した広報活動が挙げられる．これらの活動は，市民の問題理解を支援するために，科学技術的な情報を提供することが主眼であり，市民は活動の主体ではなく客体という前提に立つ．行政が実施する意識調査，パブリック・コメント，企業が顧客のニーズを掘り起こすためのグループ討論などは，情報の流れは双方向であるものの，あくまでも研究開発側主導の活動であり，市民には大きな権限は与えられない場合が多い．本章が題材として取り上げる「ナノトライ」のミニ・コンセンサス会議などのような参加型テクノロジーアセスメントと呼ばれるプログラムは，専門家と市民の協働を通して，市民の意思表明の支援が志向され，情報の流れは双方向的になる．また，市民が主体となって提言という形でアウトプットを出すという仕掛けが含まれていることから，市民の主体性を求める活動と特徴づけられる．欧米のみならず，日本においても科学技術の領域に，何らかの形で市民参加を促すような取り組みが定着しつつあるなか（三上 2007），大学などの教育機関，民間企業，行政など，従来から市民との接点がある組織だけではなく，従来は市民との直接的なやりとりが希薄であった研究機関も，市民とのコミュニケーション活動を実施するようになり，研究開発の現場においても社会とのつながりに配慮しなくてはならないという考え方が浸透しつつある．

　欧米においては，2004 年の英国の王立協会・王立工学アカデミー（Royal Society and Royal Academy of Engineering）の報告書において[1]，ナノテクノロジーの実装にあたり研究開発の早い段階で市民との対話が重要という指摘がなされている．研究開発の早い段階での対話を，アップストリーム・エンゲージメントと呼び，もうすでにさまざまなコミュニケーション活動が展開されてきている（Rogers-Hayden et al. 2007）．例えば，英国においては，NanoJury UK, Nanologue, Nanoforum など政府系あるいは非政府系の研究費を資金源とするプログラムが，米国では，より小規模な市民対話プログラムとして Real-Time Technology Assessment, South Carolina Citizens' School of Nanotechnology, Madison Area Citizen Consensus Conference on Nanotechnology などが報告されている[2]．

本章が取り上げるフードナノテクノロジーに関わるミニ・コンセンサス会議は，上述の国内外の動向を踏まえた上で構想された．アップストリーム・エンゲージメントという明確に定義が存在しない方法論（Rogers-Hayden et al. 2007）をどう実践してゆくかは，今もなお試行錯誤の段階であり，本章が事例として取り上げるミニ・コンセンサス会議も，社会実験的な要素を多分に含まざるを得ず，方法論は更なる積み上げが求められる．

3. 分析の枠組み

上述の問題意識を踏まえ，本章では，ミニ・コンセンサス会議における市民の語りに焦点をあてる．ミニ・コンセンサス会議最終日に「提言」という形でアウトプットを出すまでの過程において，市民はナノテクノロジーに関わる専門的な知識とどう向き合い，何をよりどころにして自分自身の意見を表明したのかについて考えてみたい．

会議期間中は対話をすべて録音し，トランスクリプトを作成した．また，対話の状況把握のためまた発言者と録音された音声を照合するために，発言者の名前，場面・場面における時間を記録すると共に，状況についてのメモを作成した．収集したデータをよりよく理解するために，会議終了後に参加者に対してのフォローアップのインタビューも実施した．ミニ・コンセンサス会議においては，筆者は記録係という役割のもと，市民参加者あるいは専門家とは直接的にかかわり合いを持たない形で会議に参加した．グループ討論など複数のグループが同時進行で議論をする際には，複数のスタッフがメモ取りを実施した．トランスクリプト作成後，市民参加者の語りを(1)専門家の話，本などから得られた科学的な知識に根ざす発言またそこから派生する疑問，(2)参加者の生活体験に根ざす発言またそこから派生する疑問，(3)物事の善悪の表明，受容，拒絶など何らかの判断が示されている発言あるいは疑問，という3つのカテゴリーに分類し，それぞれ「科学的な問い」「感覚的理解」「市民的価値」というコードを付与し，トランスクリプトのコー

ディングを実施した．詳細は，章末の［補足］で示す．ここではいわゆる理論から生成したコードを中心にコーディングを実施するいわゆるテーマ・コーディングの手法（フリック 2004）を活用している．同時にこの3つのコードに過度に縛られないよう，ミニ・コンセンサス会議参加者が使った言葉をコードとして付与する，In Vivo コーディングと呼ばれるコードも併用した．分析においては，「科学的な問い」「感覚的理解」「市民的価値」とコード化された語りの対比を通して，市民が専門的な知識をどのように取り扱うのかを明らかにすることを目標とした．

　計3日間のプログラムを通して膨大な量の記録（音声，映像，メモ）が生成された．データの分析にあたり，まず専門家と市民のやりとり（相互作用）があるまたは多いセッションと，不在のセッションに分けた．今回の分析には，異なる状況と特徴を持つセッションとして，1日目午前の全体会と質疑応答，1日目午後のグループ討論，2日目午後のグループ討論の3つを抜粋した．表6-1にセッションの分類と，本章の分析の対象としたセッション(*)を記す．「全体会と質疑応答」では，ナノスケール加工と評価の専門家による情報提供（ナノとは，フードナノテクノロジーの応用事例，計測方法，安全性などの基礎的な情報）が行われ，その後市民による事実確認が行われた．1日目午後の「グループ討論」は，専門家への質問づくり（179頁の「鍵となる質問」を参照）が主な作業であり，得られた情報に関する疑問や，全体会では話題にならなかったが，市民参加者が関心を持つ論点を中心に，市民参加者のみで話し合った．2日目の午後の「グループ討論」では，

表6-1　セッションの分類

	セッション	参加者
1日目 AM	全体会と質疑応答*	専門家，市民
1日目 PM	グループ討論*	市民
2日目 AM	全体会	専門家，市民
2日目 PM	グループ討論*	専門家，市民
3日目 AM	グループ討論	市民
3日目 PM	提言の作成	市民（希望した専門家が傍聴）

参加者を2つのグループに分け、4名の専門家が2名1組のペアになり2つのグループを一巡し、各グループそれぞれ45分ずつ対話を行った。ここでは、新たに生じた疑問を明らかにすること、提言を作成するための事実確認が主だった作業となった。

市民参加者は、公募で募集し、年齢、性別がある程度均等になるように選抜

表6-2 参加者の属性

	年齢／性別	職業
A	20代男性	大学院生
B	20代女性	会社員
C	30代男性	家庭教師
D	30代男性	中学校教諭
E	40代女性	作家
F	40代女性	パートタイマー
G	40代女性	会社員
H	50代男性	公務員
I	60代女性	自営業
J	70代男性	自営業

をしている（その過程については、第4章83-84頁を参照）。サイエンス・カフェのように、1時間から2時間程度のコミットが求められるプログラムと異なり、コンセンサス会議の場合、時間の面、活動の内容の両面でかなりのコミットメントが求められるため、必然的にテーマに強く関心を持つ人が集まる傾向にあるが、今回のミニ・コンセンサス会議の場合も、常日頃から食に気を配っている人、食に対して関心を持つ人、職業柄、食に関して専門的な知識を持ち合わせている人、フードナノテクノロジーについて知りたい人、科学技術全般に興味がある人などが集まった。公募の上、選抜というステップを踏んだため、参加者同士の面識はなかった。一方で、専門家は、紹介で人を探すという方策を取ったため、今回のプログラム以前に面識がある人が参集するという結果となった。表6-2に、市民参加者の年齢、性別、職業を示す。

4.「専門家と市民の対話」と「市民参加者間の対話」の比較

参加型テクノロジーアセスメントというプログラムは、市民がただ単に意見を表明する場を提供するだけではなく、意思決定の主導権を市民に移行するという意図を内包する（若松 2010）。つまり今回のミニ・コンセンサス会議のようなプログラムが市民の意見の正当性を担保するための機構としての

役割を果たすことがその目標となる．しかしこうしたプログラムがお墨付きを与える機構としての社会的な認知を得るためには，政策の現場での発想の転換が起こらなくてはいけない．一方で，専門家が提供する情報あるいは意見は，学会などの専門家集団あるいはジャーナル共同体などによりその確からしさにお墨付きが与えられていることから（藤垣2003），最初から専門家と市民の社会関係には非対称性が潜む．つまり，もともと存在する非対称的な社会関係にどう介入してゆくのかが，問題意識の根底にありその仕掛けをどうするのかが中心的課題となる．

こうした問題意識を背景に分析の結果を示す．表6-3は，セッションごとの参加者の属性と人数（専門家，市民），対話時間総数，発言数，コード別の発言の回数を示す．これらのデータは語りの全体像（構造）を捉えるための手掛かりとなり，さまざまな示唆を得ることができる．以下にその結果を示そう．

表6-3は，専門家が介在すると「科学的な問い」の割合が高くなり（60.7％；75.0％），市民だけの対話の場合「感覚的理解」（57.3％），「市民的価値」（25.3％）とコードされた発言数が相対的に多くなるという現象を示す．また1分間の発言数から，専門家が不在の場合，市民の言葉の数が増えたという現象を読み取ることができる．コード別の発言の数を参加者それぞれに

表6-3 コード別発言の回数

	参加人数	対話時間	発言数	発言数/分	科学的な問い	感覚的理解	市民的価値
全体会と質疑応答	市民（10）専門家（2）	46分	56	1.21	34（60.7％）	14（25.0％）	8（14.3％）
グループ討論	市民（各5）2グループ	41分	75	1.83	13（17.3％）	43（57.3％）	19（25.3％）
グループ討論	市民（各5）専門家（各2）2グループ	83分	20	0.25	15（75.0％）	5（25.0％）	0（0％）

【備考】「対話時間」は市民による発言の累計を示す．「発言数」は市民の発言の総数を指す．但し同一発言者のあいづちや繰り返しは省いて数え上げた．1分間の発言数は対話の質的な違いの有無を確認するための目安として活用した．

見てゆくと，例えばDさんは，専門家が参加した全体会と質疑応答の場面で3度発言をしているが，そのすべてが科学的な問いとコードされた発言であった．一方で，市民参加者だけの場面（グループ討論）では，その半分以上（16回発言したうちの9回）が，感覚的理解と市民的価値とコードされた発言だった．同様の傾向をHさんの発言からも読み取ることができる．Hさんは，全体会と質疑応答では，7回の発言中3回，専門家が参加したグループ討論では，2回の発言中すべてにおいて，科学的な事柄についての発言をし，市民参加者だけの場面では22回の発言中19回は，感覚的理解，市民的価値とコードされた発言だった．Dさん，Hさんは，職業柄，他の参加者と比べ，フードナノテクノロジーについて理解する上で必要な専門知識とのいわば社会的な距離が近く，市民参加者を代表するような形で，専門家との対話に臨んでいたという点が印象に残っている．市民参加者にとって，どのような科学技術であっても，自分自身の体験や感覚と切り離しては理解できない社会性を帯びたものであるにもかかわらず，専門家との対話の場面では，科学技術的な事柄を話すべきだという解釈が生まれ，科学技術的な問題意識が最優先の話題となりその他の側面は副次的なものという解釈が存在していたのであろう．

対話の例を示そう．以下は専門家を交えたグループ討論の場面からの抜粋である．Hさんの質問は明らかに専門知識のベースがなければ理解できない内容であり他の参加者はこの話題には参加できなかった．

Hさん：[Hの氏名] です．いま，[専門家の名前] さんが，おっしゃった中で，最後に僕が混乱したのは，いままで食べてきたものであるけれども，サイズを小さくすることによって浸透圧が変わることがあるっておっしゃってて．でも消化器官系で浸透圧ってあんまり問題にならないのかなって．血液だったらあるかなと思ったんだけど……

専門家：いや，消化器もあります．下痢なんか，まさしくそうです．浸透圧のバランスが，あるいは腸と粘膜の間でバランスが崩れると，本来水

と一緒に栄養素なりをとるはずなのに，逆に体内の水を絞り出してしまう．それで下痢になるわけです．

Hさん：ということはやっぱり，今まで食べたことのある素材であっても，要するに，この段階でナノ化されてしまうと，困るものもやっぱりありえますね．

専門家：はい……

一方で，フードナノテクノロジーの知識が足りないと心配していたIさんは，1日目の質疑応答の場面で，投げかけた質問そのものがその場にふさわしいものかどうかが判断できないという様子で以下のように語った．この場面においては，会話が成立しているにもかかわらず専門家の説明に対してIさんはそれ以上の質問を投げかけなかった．

Iさん：分からない所もたくさんあるのでね．あのー，小さくすることによって人間の体の中にはいって……人間の体にね，良いものもあるでしょうし，悪いものもあると思うんですよ．わたくし，まだ理解できないのかもしれないね．お話たくさん聞いてね，勉強しようと思います．何を小さくしていったら一番いいのか，害になるのかとか，そういう物がまだ分からないんですよね？　金属性の物が小さくなるとしたら，どうですか．わたくしもよく……何年か前に金を小さくしたら水に溶けました．その水を販売している人に出くわしたんです．それを私は全然信用できなくて……

専門家：金にしろ，白金にしろ，ええっとですね，そのものは無害なんですよ．で，サイズを小さくしたらどうなるかというところなんですが，その辺はやっぱり私共ではちょっと……それはデータがない．実験はいくつかやられているんですけれども，有効だというデータも今のところないし，危険だというデータも逆にない．例えば，さっきの白金の所の実験なんですけれども，動物実験で2週間ぐらい食べさせてやっても変

化がなかったという結論もあるんですよ．

別の場面では，Ｉさんは，専門家に対して以下のような質問を投げかけている．会議後にＩさんにインタビューを行った際にこの場面についての話になり，科学的な質問をしたつもりでいたにもかかわらず，言葉足らずでうまく質問ができなかったと振り返っていた．

Ｉさん：金って蓄積されるもんなんですか？　金ぱくの状況として．
専門家Ａ：されないです．
専門家Ｂ：吸収されないで，出ていってしまう．トイレに流れていってしまうんです．
Ｉさん：じゃあ，何を食べても無意味なもんなんですか？
専門家Ｂ：そうですね，何か気分がいいなって感じるだけで．（会場爆笑）

美容関係の仕事に携わるＩさんは金ぱくを含んだ商品の効き目を知りたいという意図でこうした質問を投げかけたと，筆者が行ったプログラム後のインタビューで説明してくれたが，それがナノテクノロジーを活用する食品とどう接点があるのかというのを説明できず話の腰を折られてしまった，と感じた場面である．Ｉさんが事後のインタビューで語ってくれたのは，専門家から話を聞けば聞くほどナノテクノロジーに対して不安を感じるようになったが，根拠がないのにそうしたことを言うことは失礼にあたるのではないかと思い，意見を述べなかったという指摘である．また自身の教育レベルが「ああいった場」では場違いのような気がしたという点である．「ああいった場」という表現から，今回のプログラムを特別な場として捉えていたことが分かる．Ｉさんのこの指摘は重要で，これまでのプログラムの設計においてはさまざまな属性を持った参加者を募ることが重要項目のひとつとされランダムに参加者を選抜する方策，プログラムの実行委員会が選抜する方策などが取られてきているが，参加する人の属性の幅を広げるという考えが先行し

たあまりに，どういった属性の人がどのような形で参加すべきか，という視点が置き去りになった結果，こうした反応が返ってきたのではないか．

Ｉさんだけではなく，他の参加者も同じような感覚を持っていたということを参加者が使った，Hedges（緩衝表現）とも呼びうる言語表現から読み取ることができる．Hedgesとは，対話の相手とのヒエラルキーの存在を認めた上で，相手に主導権を与える表現と定義され（Brown and Levinson 1987），今回の語りの中にもそういった言語表現が頻出した．

> まず，科学的な質問ではないんですけれどもお聞きしたいことが１点ありまして．ナノ食品というのが，もうすでに日常にいくつかあるというのが，ここでもキャノーラ油であるとかいうのがありましたけれども，こういったもののお値段はいくらぐらいなんですか？

> あのぉ，ちょっとお聞きしたいんですけれど，この資料にナノを使った製品であるという名称で出ているものっていくつかあると思うんですね，例えばiPod nanoを思い浮かべましたが……

遠慮がちに質問をする参加者の発言を聞きながら，日本社会において専門家と市民の間に存在する非対称的な社会関係から逃れ，議論をすることが難しい状況であることを実感した．

他方，市民参加者だけの対話においては，１分間の発言数からも読み取れるように話がはずみ，ナノテクノロジーに対する不安，率直な意見が表明されている．

> Ｃさん：やっぱぁ，分からないことが多すぎるのに商品化が進んできていますので，それでいいのかと……僕がちょっと思ったのは，食材は食べたらもう胃，腸の中ではナノのサイズになっているということで，そういうところはナノに対応している．でも，口やのどはそういうのには対

応していないはずなので，そこは大丈夫なのかなぁ，害はないのかって，思ったりしました．
Bさん：そもそも食品にナノがいくとは思わなかったですよね．カーボン・ナノチューブとかそういうのがテレビで，こういうのがだんだん出来てきますというのがあって，工業製品になるのは分かりますけど．急に食品に……それがぁ，技術がくるとは思わなかったですね．
Hさん：どっちかって言うと，技術を普及するそのターゲットとして，変な言葉だけどこんなのつくりました，こんなのどうだろう，みたいな部分も何だかありそうな気がして，後付けの理由のようにちょっと感じるかな．

章末［補足］コード別発言の例で「市民的価値」というコードを付けた発言の中にも，同類の語りが存在するので本章最後の資料も参照されたい．
さらには，同じセッションで日常で体験したさまざまなエピソードを取り上げながら会話がはずみ，ナノテクノロジーの今後の研究開発の方向性に関する意見が次第に形成されてゆく場面があった．会話のおわりには，ナノテクノロジーは，ナノテクノロジーでしかできない物に応用すればよく，今ある食品に代わる物を開発してゆく意義は少ないという意見にまとまった．こうした会話は，同じセッションの他の場面でも垣間見られた．このことは，社会的意味体系が形成途上にある場合，科学技術的な情報の提供を受けた上で，自由に討論をするという形式の方が意見を形成しやすいのかもしれないということを示唆する．以下に事例を示す．

Hさん：……うん．わかる．というのはね．宇宙食がさ，一時期何でもチューブでいいって，言ってたのが，今はカレーライスにしようぜぇ，とか何とかっていう風に，やっぱり実際の食べ物に近いものに変わってるようなね．そういう，もしかすると進化はするかもしれないですよね．
Cさん：必要を埋めるんじゃなくてこうもだんだん贅沢になってきたって

いうことは，そういう余裕がでてきたんだろうな．きっと，宇宙食やなんかに．
Bさん：食べるってことはすごく大事なことですよ．福祉の世界でも，できることのね，意欲につながりますからね．
Hさん：要するに，点滴や注射で生きていけっていうとね，食べなくなっちゃうっていうのはあるよね．
Bさん：そうですね．口からとるっていうのが，違いますからね．
Hさん：だから，何らかの意味でやっぱり，マイナスを埋めるべき存在で，ナノでなければいけない分野，そこを埋めるだけっていうことなんじゃないかな．
Dさん：それが，だから今のところなんかあんまりはっきりしないので，そんなにばぁーっと爆発的に広がってくというよりは，そういう特定分野に生き残っていくというか，特定分野で発展していくものであるのかな，という感じ．
Eさん：やっぱりこの水の浄化とか，そういう役に立つところがたくさんあるじゃないですか，ナノテクって話に．だからその，ココアパウダーを砕くんじゃなく，水の浄化をやっていけば，いいんであって．そういう無駄な加工食品に使っていく必要は，ないんじゃないかってみんな思っていると思うんですよ．そこら辺を，研究者の方は，分かっていたほうがいいんじゃないかと思います．

これまでの分析をまとめると，専門家と市民が向かい合って話をする場合と，市民参加者だけで話をする場合を比較すると，話す分量，何を問題視すべきか（アジェンダ・セッティング），その問題をどう捉えるべきか（フレーミング）という点において，明らかな違いが見られることがわかる．参加者は，緩衝表現を使い，専門家にアジェンダ・セッティングの役割を求めた．また，専門家の存在が，市民から科学的な問いを引き出し，科学技術的な事柄が支配的なフレーミングとなった．科学技術の知識と距離が近い人ほど，

発言しやすく，距離が遠い人ほど，発言がしづらい雰囲気があった，という状況を読み取ることができる．

5. おわりに：参加型テクノロジーアセスメントの設計への試論

これまでの分析を踏まえ，本節では，参加者間の社会関係，提言書作成過程で市民的感覚をどう拾い上げるか，そしてプログラム実施のタイミングという3つの点から，参加型テクノロジーアセスメントの設計の際に考えるべき点について述べる．

専門家と参加者の社会関係への配慮

市民参加者のみのグループ討論という限られた場面ではあったが，市民はフードナノテクノロジーを自らの生活体験に引き寄せながら議論し，意見を形成してゆく過程を確認できた．つまり上流での参加型技術評価の手法としてコンセンサス会議は機能するという示唆（三上ほか 2009）を再確認する結果となった．しかし市民の語りを細かく見てゆくと，研究開発の早い段階でプログラムを実践すること，すなわちアップストリーム・エンゲージメントの実践が，専門家と市民の非対称的な社会関係を大きく変化させるものではないことが分かった．アップストリーム・エンゲージメントという考え方に対する批判として，国外においても同様の示唆がされていることからも（Joly and Kaufmann 2008; Stirling 2008），参加型技術評価プログラムの設計において対話に参加する人がどのような属性であるか，対話の場面でどのようなダイナミズムが想定されるのかといった，社会関係とそこから生じる人の相互作用に配慮するということが次の課題となる．

未来の食という本論の事例とは異なる題材ではあるが，健康保険に関わる国の施策を市民が評価するという台湾の事例では（Deng and Wu 2010），参加者は特定の意見や専門知識を持たないいわゆる市民ではなく，市民団体を代表する人もしくは市民団体に所属する人から選抜するという方策を取って

いる．もうすでにテーマについて何らかの意見を持っているまた意見を言語化するスキルを持っていることがそうした設計の背景にある．こうした事例を参考にしながら，今後は，専門家と市民の社会関係またその題材に関わる社会的な距離という点にも目配りをした上でプログラムの設計に工夫を凝らしてゆく必要があろう．

提言書作成過程で市民的感覚をどう拾い上げるか

　本書巻末に掲載されている，1日目の「鍵となる質問」と「ミニ・コンセンサス会議からの提言」を見比べてみると書かれている内容とトーンの違いを読み取ることができる．たとえば「そもそもナノにする必要があるのか」という論点は，プログラムの初めの段階では批判的なトーンで語られていたが，提言からはその問題への言及は消え去った．前節で紹介した，グループ討論の場面において，Bさんは「そもそも食品にナノがいくとは思わなかった……」と語っていたが，対話の過程においてそうした感覚を持っていた参加者が少なからず存在したのは事実である．そもそもフードナノテクノロジーという科学技術が私たちの生活に何をもたらし，どういう意味があるのかという本質的な問いは，掘り下げてゆく意味がある重要な問いなのではないか．にもかかわらず，それらが「安全性を確立すること」「情報公開をすること」「市民が望む研究開発の方向性」という，あたかもフードナノテクノロジーの社会的受容を前提とするような提言内容になったということについて批判的に振り返ってゆく必要がある．

　「そもそも……」という物事の本質に関わる問いは，限られた日程において議論を収束させてゆくのには問題が大きく，プログラム運用上の問題を引き起こしかねないが，本質的な問いをどのように拾い上げ，議論をどう深化させてゆくかについて工夫することが今後の課題として残る．今後，提言作成の過程で欠落してゆく論点をどう，どこまで拾い上げてゆくかという点にも着目してゆきたい．

参加型技術評価プログラムの実施のタイミングについて

　技術評価という専門家だけで閉ざされていた場に，市民を巻き込もうという発想は，多様な価値観を科学技術の意思決定に反映させたいという意思決定を民主的にするというヴィジョン（小林 2004；Sclove 1995）から生まれた．本書が取り上げる，萌芽期にある科学技術の市民参加型技術評価の場合，社会的意味体系も形成途上にあるということを前提とし，プログラムの設計を工夫する必要がある．これまでの分析を踏まえると，社会的意味体系が形成途上にある科学技術の場合，市民は意見の表明が難しい状況下に置かれていることが明らかになった．

　しかし，コリングリッジ（Collingridge 1980）が「コントロール・ジレンマ」と呼ぶ現象を考慮すると，社会的意味体系が形成期であってもやはり早い段階で市民を巻き込むプログラムが重要であることがわかる．コリングリッジは，研究開発の早い段階で市民が参加型プログラムに参加する場合，市民は意見の表明が難しいという問題に直面するが，一方で実用化が間近になって，市民の意見を聴取したところで，それを今後の実装のあり方にどの程度反映してゆくことができるのか，実装に反対する意見がある場合，それを取りやめることができるのかなど，難しい問題が存在すると指摘する．

　こうした指摘を踏まえると，プログラムを実施する際には，市民参加のタイミングを見極めてゆくこと，つまり市民の意見の表明のしやすさと市民の意見の反映のしやすさという2つの側面のバランスをうまく取りながらプログラム設計を工夫することが求められる．フードナノテクノロジーが，今後どのような形で社会に位置づけられてゆくのかは定かではない．しかし，唯一明らかなのは，研究開発の現場においてまた政策の現場において，社会的な配慮を置き去りにしないことである．

注
1) http://www.nanotec.org.uk/finalReport.htm
2) 英国の非営利団体 Involve が 2005 年に Nanotechnology Engagement Group

（NEG）を設立．ナノテクの研究開発そしてガバナンスに関わる意思決定への市民参加を支援する活動を行っている．2007年に出版された報告書 *Democratic Technologies? The Final Report of the Nanotechnology Engagement Group* は，英国内で実施されたナノテクノロジーに関わる市民参加型のプログラムに関して詳細に報告をしている．

参考文献

Brown, P. and Levison, S.C. 1987: *Politeness: Some universals in language usage.* Cambridge: Cambridge University Press.

Collingridge, D. 1980: *The Social Control of Technology*, London: F. Pinter.

David, K. and Thompson, P.B. (Eds.) 2008: *What Can Nanotechnology Learn From Biotechnology,* Burlington, MA: Academic Press.

Deng, C.-Y. and Wu, C.-L. 2010: "An innovative participatory method for newly democratic societies: The "civic group forum" on national health insurance reform in Taiwan," *Social Science and Medicine*, 6, 896-903.

フリック，ウヴェ 2004:『質的研究入門：〈人間科学〉のための方法論』春秋社．

藤垣裕子 2003:『専門知と公共性：科学技術社会論の構築へ向けて』東京大学出版会．

インテージサーチ 2008:「遺伝子組換え農作物等に関する意識調査報告書」2008年3月，農林水産省委託事業報告．

Joly, P.-B. and Kaufmann, A. 2008: "Lost in translation? The need for "upstream engagement" with nanotechnology on trial," *Science as Culture*, 3, 225-47.

小林傳司 2004:『誰が科学技術について考えるのか：コンセンサス会議という実験』名古屋大学出版会．

三上直之 2007:「実用段階に入った参加型テクノロジーアセスメントの課題：北海道『GMコンセンサス会議』の経験から」『科学技術コミュニケーション』1：96-104．

三上直之，杉山滋郎，髙橋祐一郎，山口富子，立川雅司 2009:「「上流での参加」にコンセンサス会議は使えるか：食品ナノテクに関する「ナノトライ」の実践事例から」『科学技術コミュニケーション』6：34-49．

内閣府 2009:「身近にある化学物質に関する世論調査」http://www8.cao.go.jp/survey/h22/h22-kagakubusshitsu/index.html

日本学術会議 2003:「食品添加物を考える」，2003年10月8日，日本学術日本学術会議，獣医獣医学研究連絡委員会・家政学研究連絡委員会共催，公開討論会資料，http://www.vm.a.u‐tokyo.ac.jp/yakuri/kaizen/karaki2004-11/gakujutukaigi%20touron%202004-11.htm

Rogers-Hayden, T., Mohr, A., & Pidgeon, N. 2007: "Introduction: Engaging with Nanotechnologies: Engaging differently?" *Nano Ethics*, 1. 123-130.

Sclove, R.E. 1995: *Democracy and Technology*, New York: Guilford.

Stirling, A. 2008: ""Opening up" and "closing down": Power, participation, and pluralism in the social appraisal of technology," *Science, Technology, and Human Values*, 33 (2), 262-94.

若松征男 2010:『科学技術政策に市民の声をどう届けるか：コンセンサス会議，シナリオ・ワークショップ，ディープ ダイアローグ』東京電機大学出版局.

山口富子・日比野愛子編著 2010:『萌芽する科学技術：先端科学技術への社会学的アプローチ』京都大学学術出版会.

[補足] コード別発言の例（ナノトライ参加者の発言より抜粋）

「科学的な問い」

今のところと同じなんですけれども，ナノの中の小さなものっていうのが細胞や核の中に入っていくと，それによって細胞内の挙動とかに，影響は与えたりするんですか？

9ページのナノ化の特徴にあった，一番疑問に思ったのは，一般の消化のときには当然分解酵素によってナノ化されていきますよね，その，どのぐらいのレベルまで工業化で，ナノ化をうたっているのか，その点がちょっと分からなかったんですけれどもね．

ええっと，今ですね市場にも出回ってますよね，実際．それなのにまだ実験段階だっていうお話もあったので，その辺はどうなんでしょう？ そういう，安全性が十分に確認されなくてもそうやって市場には，これからも勢いをつけて出てくるということですよね？

いったん，小さくしてナノスケールにまで細かくしますよね．で，その後に凝集することによって，それをひとつで見ればナノスケールの物体であるものが，凝集することによってですね，ナノスケールに落ちれば今までもっていなかった性質を備えるっていう説明は分かっているんですけれども，その新しい性質を備えるようになったものが，再度凝集することによってまた別の性質を備える……，今まで予期できなかったようなものが生じるという可能性はないんですか？

規制っていうか，添加物の，例えば認可っていうところで，素材の形状まであんまり規制してないみたいな言い方があるよね．

メカニズムの問題．やっぱり，いろんな良いことがあるのかもしれないけど，それもメカニズムが分からないで，饅頭の皮の話をなんかされてましたけども，炭の粉を練って，饅頭を作ったら，それが少し長持ちしてたって．それもだから，全然メカニズムは分からないっていうことだったので，なんかそういうメカニズ

ムを，細胞に取り込まれることと，これは消化が良くなるって話，吸収が良くなるって話だけど，それもなんかもうちょっとメカニズム的にははっきりうまく伝えていただけるとありがたいですね．自分は知りたいってやつですけど，まあ分かってないんだろうけど知りたい．

肥料ナノ化っていう話があったんでしたけれど，それで育てた植物っていうのは育った結果っていうのは報告されているのかしら？ メリットというか．吸収がいいっていう話だと，じゃあよく育つとか……もとのサイズの1.5倍になるっていう効果があるんでしょうか？ これは何になるんでしょうか？ 食料巨大化につながるんですか？

すみません，最後1つだけ［専門家の名前］に．畑から作った作物云々というお話からちょっと思いついたんですけれども，石油から作った蛋白とか，大豆から作った肉とか，そういう食品ってありますよね．あれは，化学食品，ナノ食品，どんな範疇に入るんですか．

「感覚的理解」

会話の中で単なる思いつきで，ちょっと出たことなんですけど，お米をナノ化するという話から思いついたんですが，いま汚染米が問題になっていますけれども，ああいう廃棄されるべき，このようなものを，逆にそこから汚染物質だけ取り除くっていうようなことを，ナノ化することできるのかしらと……思いつきなんですけど．それで，食べられる部分を活かすというようなこともできるのかしら，っていうのは．

そうですね，値段以外に私が注目したのは賞味期限の延長，についてなんですけど，今アルバイトで総菜や弁当を売る仕事をしています．それで，やっぱり賞味期限が過ぎたものというか，賞味期限の2時間前に廃棄しないといけないんですね．それはもったいないことだと思っていて，毎日本当に大量に廃棄しています．賞味期限が延長されればもっと捨てるものも少なくなって，日本の自給率の向上にもしかしたらつながる可能性もあるのかなと思います．

あらゆる分野でナノテクというのは浸透していくでしょうから，食品分野にも入

ってくるとは思うんですけども，ただ食品というのは安全性の問題があって．ちょっと話は飛びますけれども，毒餃子とかですね，そういう非常に騒がした事件があるので，おそらくナノをうたって食品を流通させるということは，一時期は受け入れられるかもしれないけれども，何らかの危険があるということがみんなに知られるような事件等があるんじゃないかなと想像します．それで，あまり声高にナノテク，ナノ食品といわず，少しずつ広がっていくんであろうな，というふうな気がします．

えっと，先程医薬品と今食品についての質問をしたんですけれども，化粧品はどの範囲に入るんでしょう？　というのは，今，僕が一番ナノで感じたのは女性の美白のチタンホワイトとか随分ナノとか出ていて，かなり自分としては心配だったんですけれども化粧品規制はどのようになっているんですか？

遺伝子組換え食品って，遺伝子組換え食品ですよってそれこそ書いてありますし，問題は出てると思うんですけども，ナノ食品というのを知らないで摂ってしまって，本当は摂りたくないのにっていう問題が起こるんじゃないかっていうのはちょっと心配ですね．

要するに，イメージの言葉のナノで，ちっちゃい，ちっちゃいイコールナノ．じつは，ナノキッズってあるんですよ．ものすごいちっちゃな分子で，お人形作るっていう．それを，はっきり言って，科学教育のスタートに，先進国でない子どもたちにも小さい物に興味を抱かせるために，小人がダンスしてるとか，コックさんのナノモデル．本当に，要するに分子を上手につないで，そういう形にして．ナノキッズって，ちょっと検索すれば出るんだけども．そういう教育のために，ナノっていう言葉も使ってアピールはしてるから．

「市民的価値」

やっぱりナノにする必要性は何？　ナノにするならば，何か良いことが無ければ……ある程度，効用が無ければ意味が無いっていう単純な疑問です．それならば，薬とかにいっちゃうんですけど，食品ではなく．ナノの世界にならなくても米粉で，パンを作れるとか，麺に練れるっていう話があったじゃないですか．もっと効果がなければナノにする必要性はないのではないでしょうか？

第6章 専門家と市民の関係

フードナノテクノロジーって，少しだけ食べていても十分に栄養が摂れるという話じゃないですか．車の燃費があがるみたいな感じですね．そういった技術ができれば，食糧問題が解決しそうですね．

やっぱり新しい物が出てくるということに関しては，「ナノが入ってます」って表示するとか，そういう法律の制度はどうなのかとか，社会科学的な立場からちゃんとしてほしいなっていうふうに思います．

とりあえず，これはあまり要らないという方のお話になるんですけど，食感食味の変化とか，好まれない味の抑制なんかは，やっぱり今までの私たちが持ってた食文化が，たぶんすごく変わってしまうので，私たちがそれを受け入れたいと思ったときに受け入れたほうが良いんじゃないかなと思うし，私自身はあまり食文化が人工的に変わってしまうことにすごく抵抗を覚えるので，あまりこのあたりはとくに一所懸命やるところではないのかな，という感じといいますか，はい．

やっぱり身体に害になるのなら，やめてほしいというか，私はやらない．もし，粒子だけではなく，食べ物そのものが小さくなるとか携帯のものならばもっていけるとか，いつもじゃないけど，ほんとうにたまにつかいたいとか，そういうことだったらいいかな．

機能性がついたらお得感っていうのはある感じがするんですが，消費者が欲しくない機能はいらない．いる機能だけつけて欲しい．

食品をなぜナノにするのっていう，本当にそこと．逆にね，じゃそのまんまでいいじゃんと．だから本当にプラスに何になるんだろうなという．だから，そういう，もしもいろんな病的な方とか，そういうものに対する特殊な開発用途であればもちろん良いんだけれども，一般にまでね，広げる必要があるのかなって．

結論から言うと，ナノ食品はおいしいのかと．ちょっと，遺伝子組換えなんかともね，賛否両論あるけども，僕らなんかはそこまで安全じゃなくてもおいしく食べて，早く死ぬのも良いんじゃないかと．それはやっぱり味ってのが大事なんじゃないかっていうとこから，ちょっとこういう疑問．

第7章
参加型手法研究の課題
－東アジアにおける実践経験を背景に－

若 松 征 男

1. 本章の課題

　本章では，日本の経験に加え，韓国，台湾の参加型イベント[1])実践者への聞き取り調査[2])によって得られた知見を用いて参加型手法適用を比較し，今後の参加型手法研究への示唆としたい．

　筆者は参加型イベントの実践的研究を行う中で，これが生み出す結果の質を含めた手法への疑義，また，これを政策過程と接続する課題などを問われ続けてきたが，これらは，まだ十分に研究されているとは言えない．その一方で，1998年のコンセンサス会議試行以降，多様な参加型イベントが行われるようになり，2012年8月には環境・エネルギー政策をテーマとして，討論型世論調査（Deliberative Polling．アメリカでジェームズ・フィシュキン（James Fishkin，スタンフォード大学教授）らが設計した手法）が行われるまでに至った．ここで用いられた世論調査手法を参加型テクノロジー・アセスメント（以下，TA）の手法と捉えてよいかどうかについては議論があろうが，ここでは，参加者間での討論・議論が組み込まれている点から，広義で捉え，参加型TA手法とみたものである．

　今後，政策過程との接続を含め，参加型TAの制度化が課題とされたとき，参加型手法の問題点，限界などが改めて問われることになるだろう．この聞き取り調査は，日本の経験に韓国，台湾の経験を加え，手法研究をどの

ように進めるべきかを検討する一歩とすることを目指した．重ねて言えば，手法設計の研究に資する経験・データを探索し，今後の研究の方向性を探ろうとするものである．

既に筆者は，コンセンサス会議の手法としてのロバスト性（頑強性）を指摘した（Wakamatsu 2004）が，その実践においては，参加型イベントの運営（グループ討論の用い方，ファシリテーター・事務局の関与など）において，かなりの違いがあることが，韓国，台湾の実践経験者へのインタビュー調査によって明らかになった．なお，これらの調査では，実際的運営を中心として聞き，韓国，台湾において1990年代末以降現在までに開催された参加型イベントやその社会的・政治的背景について全体像を明らかにすることは目的としていない．

参加型 TA の手法として用いられるコンセンサス会議やその他の参加型手法は，ここ 10 数年の間で，かなりユニバーサルに実践可能であることが示されている．その一方，これまでも指摘してきたが，コンセンサス会議を用いる場合，それぞれの国内事情を反映して，その運営には変更が加えられている．ここで，東アジアにおけるコンセンサス会議，参加型手法の適用を見るのは，この差異の中から，参加型イベント設計・運営研究への示唆を得るためである．

参加型イベント運営においては，イベントの日程設定（何日用いるかなど），市民参加者などのリクルート方法，ファシリテーター[3]の機能，議論・討論の進め方（グループ討論を用いるか，どのような発言ルールを用いるかなど），討論の最終成果（いわゆる市民報告書など）を合意（コンセンサス）とするか，それとも少数意見を積極的に示すか，また，報告書のフォーマットを運営事務局が用意するか，それとも市民グループが自ら作るかなど，実に多様な，具体的課題がある．これらが課題とされるのは，議論・討論を担う市民集団が，主催・運営者に操作されることなく，十分な議論・討論が保障されるかどうかが，最終成果の意義・意味を規定し，参加型イベントの成果を社会的にどう用いることができるかということと強く関わるから

である．

　ヨーロッパ，アメリカなど，コンセンサス会議を用いるようになった各国は，デンマーク技術委員会（DBT：Danish Board of Technology）が定式化したコンセンサス会議のフォーマットを基本的には踏襲してコンセンサス会議を開催している．なお，会議名称としては，コンセンサスという言葉を用いず，「プブリフォールム」を用いるスイスのように，それぞれの国の状況に対応した変形はもちろんある．日本におけるコンセンサス会議では，日程設定にかなりの変更を加えている．この変更の中心には，市民参加を得るために，日程を短縮する必要があるという判断がある．

　なお，参加型TAの制度化，言いかえると，参加型イベントの成果の政策過程との接続という課題は，きわめて重要であるが，直ちに，イベントの公正・中立な運営に加え，成果の質等が問われる．これらを考える上で，参加型イベント運営の具体的課題を明らかにすることが必要である．

2. 比較する日本，韓国，台湾の経験

　本章では，日本，韓国，台湾における参加型イベントの経験を比較するが，日本については，主として，筆者が関与したイベントを基礎とする．筆者は1998年にコンセンサス会議手法を試行し，参加型イベントの実践・研究において，先導的役割を一定程度果たしてきた．その中で，イベント実践の多様な課題に直面してきた．この経験をここでの比較のデータとして用いることは許されるだろう．

　日本ではTAのための参加型手法適用が1998年に始まったが，東アジアでは，ほぼ同時期に韓国でコンセンサス会議が試みられるようになり，台湾においても，わずか数年の遅れで参加型手法がかなりの数，試みられるようになった．日本，韓国，台湾の参加型イベント（ことにコンセンサス会議を用いたもの）の実践は，研究者が，デンマーク，イギリス，アメリカなどでコンセンサス会議に触れて学び，独立に試みられたものであるが，参加型イ

ベント実践者の間には，経験の交流がある．

韓国は日本とほぼ同時期にコンセンサス会議を試み始めたが，これ以降，参加型イベントが開催され続けており，すでに10年を超えた彼らの経験に学ぶ意味は大きい．韓国におけるこの経験を知るために，参加型イベント実践者から聞くインタビュー調査を2010年10月と2011年3月に行った（章末［補足］参照）．

台湾には，日本，韓国とほぼ同時期にコンセンサス会議を試行するなどの実践がある．これについては，2011年2月，参加型イベント実践者にインタビューした（章末［補足］参照）．

3. 参加型イベント実践のイニシアチブと社会的背景

日本と，韓国，台湾の参加型イベント実践を比較するために，それぞれ，参加型イベント実践のイニシアチブを取るグループと，それを取り巻く社会的背景について，簡単に総括する．

韓国，台湾における参加型TA手法を用いた参加型イベントの試みは，それぞれ1990年代末，2000年代初めに行われた．この時期，韓国，台湾では，それぞれ「民主化」の動きが一定の社会的変化を生み出していた[4]．市民参加の実践背景に民主化の動きがあることは，日本の状況との対比においても，強く感じさせられることである．確かに，日本においても，市民参加に向かう動きはさまざまに起こってきた．しかし，韓国，台湾における民主化の動きが，それぞれ国・地域（ここでは台湾をどう捉えるかの判断には関わらない）の政治・社会体制を大きく動かしていることは特筆すべきであろう．ともに，どちらかと言えば，強権的な体制から大きく民主化に踏み出していると見ることができる．その意味で，日本の市民参加への動きとはかなり質が異なると見るべきだろう．

2012年8月時点で，日本では，TAおよび参加型TAは制度化されていない．参加型TAと捉えうる活動は，これまで，公的機関が主催したもの

第 7 章　参加型手法研究の課題

もあるが，主として研究者グループが公的研究費などを用いて，アド・ホックに行ってきている．TA あるいは参加型 TA については，2000 年以後，科学技術白書において，触れられるようになっているが，それ以上にはなっていない．また，科学技術振興機構など研究助成機関では，参加型 TA 関連の研究・実践への助成が 2000 年になって以降，恒常的に行われるようになっている．なお，2011 年 8 月 19 日に閣議決定された第 4 期科学技術基本計画（平成 23 年度から 27 年度までの 5 年間を対象期間とする）では，科学技術イノベーション政策に関わって，「広く国民が議論に参画できる場の形成など，新たな仕組みを整備する」，また，「政策等の意思決定に際し，テクノロジーアセスメントの結果を国民と共有し，幅広い合意形成を図るための取り組みを進める」という推進方策などを述べている．これらが，具体的にどのようなものを生み出すかは，今後を見なければならない．

　上に触れたが，2012 年 8 月に討論型世論調査が，エネルギー・環境政策（実態は，原発政策と見てよいだろう）について広く国民の声をきくものとして開かれた．日本で試みられた多くの手法の中から，この方式がどのように選ばれたかは必ずしも明らかではないが，参加型 TA 制度化につながるかどうかが注目される．

　韓国では，参加型イベントへのイニシアチブを取るアクターは 4 つある．ひとつは，研究者グループであり，市民科学センターという NPO（研究者と学生によって，1997 年に発足．当初は，科学技術の民主化を図る会という趣旨の名称であったが，いささか刺激的であるとして，この名称に落ち着いた）を母体とする．ここに集まる研究者が，1998 年，99 年のコンセンサス会議を開いた．

　第 2 は，韓国ユネスコ国内委員会である．韓国でのコンセンサス会議試行には，ここが資金提供した．そこには，STS 運動を支援するプログラム・オフィサーがおり，これ以降も，同委員会は参加型 TA への支援に関わっている．他の 3 つのアクターとは性質が異なるが，この機関もここでのアクターとしておきたい．なお，韓国ユネスコ国内委員会は，国連加盟以前の韓

国において，外交などに大きな役割を果たしており，機関としても，かなり大きい．また，ユネスコの活動の中において，科学・文化が大きな位置を占めており，これが，TA，参加型 TA に関わるプロジェクト支援に大きな意味をもったと考えられる．

　第 3 は，TA 活動を 2003 年から行っている KISTEP（Korea Institute of S & T Evaluation and Planning）という政府機関である（参加型 TA を始めたのは，2006 年）．また，KISTEP は自ら参加型イベントを実施するだけでなく，大学等研究者グループに参加型イベント実施を依頼することもある（2008 年に市民パネルの代表性批判を受けて，市民陪審方式を用いたが，このイベントは韓国カトリック大学のイ・ヨンヒ（Lee Young-Hee）教授らが実施した）．この機関は，評価も行うが，むしろ科学技術推進のための計画立案が中心的任務であり，科学技術推進機関が TA を行うのは適切ではないと批判する参加型 TA 研究者・実践者もいる．

　もうひとつ，参加型 TA へのイニシアチブを取る機関として，梨花女子大学の生命医療法をテーマとするセンターがある．なお，この機関の研究者は，最初に挙げた研究者グループのメンバーでもある．彼らは 2007 年に異種移植をテーマに異種移植事業団をスポンサーとしてコンセンサス会議を開催した．

　参加型イベント実践者とのインタビューを通じて，参加型イベント設計・実施を主宰できる研究者は韓国には 10 名程度いると聞いた．

　台湾においても，コンセンサス会議の試みをここでいう参加型イベントの始まりと見てよいが，日本，韓国と大きく異なる点がある．それは，扱うテーマが科学技術の枠に収まらないということである．台湾における最初のコンセンサス会議は国民健康保険制度を扱うものである．このテーマは広い意味で科学技術の中で捉えてもよいが，コンセンサス会議等を用いて，税制改正，死刑，性産業従事者などをテーマに参加型イベントを行っている．これは，台湾における「民主化」というキーワードが参加型手法を用いたイベント開催に大きく影響していると見てよいだろう．台湾においても，参加型イ

ベントの設計・運営の中心を務められるのは10人程度の研究者であると聞いたが，もうひとつ興味あるアクターが存在する．それは，1998年に始まったコミュニティ・カレジ（大学ではなく，成人教育のための学校）である．台湾では，民主化運動の中で政府からの財政支援を受けるコミュニティ・カレジが作られたが，ここがコンセンサス会議を行うひとつの場として機能しているのである．これは，日本，韓国には見られないユニークな参加型イベントのアクターと見るべきであろう．

日本，韓国，台湾へのコンセンサス会議の紹介・導入・試行は，かなり似たような経緯をたどっている．日本においては，1990年にその存在を知った筆者が1993年に日本に紹介し，1998年に第1回試行を行った．韓国においては，イ・ヨンヒ教授が1995年滞英中，コンセンサス会議に出会って韓国に紹介し，それが1998年のコンセンサス会議試行につながった．台湾の場合は，ヨーロッパからではなく，アメリカからであるが，コンセンサス会議を知る機会があり，最初，文献研究から学んだということである．

4. 参加型イベントの設営

参加型イベントを開催するイニシアチブをどのような機関が取るかは上で一部述べたが，あらためて，整理しておこう．

日本においては，1998年のコンセンサス会議第1回試行以来，研究者グループにより，研究プロジェクトの中で参加型イベントが行われてきた．始めは，民間助成財団の資金支援を得て行われたが，以後，科学技術振興機構の助成プログラムによって支援されるようになり，さらに，参加型手法・参加型TAの社会的認知が進むにつれ，科学研究費補助金が参加型イベントを含んだ研究プロジェクトにも与えられるようになっている．また，2000年の農水省資金によるコンセンサス会議開催以降，行政機関による参加型イベントも少数ではあるが，開かれるようになってきている．この中には，北海道の資金支援によるコンセンサス会議も含まれる．これらはアド・ホック

に開催された．なお，2009年にはデンマークのDBT提唱によるWorld Wide Views（WWV）が世界各国で開催されたが，日本では，大学等の資金的・人的支援を得て，研究者グループが開催した．

参加型イベントで用いる手法としては，コンセンサス会議以外に，シナリオ・ワークショップ（DBT設計によるもの）が試みられたり，新たな手法設計も様々に行われたりしている．また，上に触れたように，討論型世論調査も用いられるようになっている．

韓国では，TA，参加型TAが一定程度制度化されており，KISTEPがTAを行うことになっている．その背景には，2001年に制定された科学技術基本法があり，TAを行うことができるという規定が入っている．ただし，上でも触れたが，KISTEPによるTAに対しては，STS研究者の間に，科学技術推進機関がTAを行うべきではないという批判がある．韓国の参加型TAは，ユネスコや他の資金提供機関による資金を用いて，研究者のイニシアチブによって開催される参加型イベントがあり，現在でも，こちらの方がむしろ多いとみるべきかもしれない．

韓国で用いられる手法としては，コンセンサス会議以外に，シナリオ・ワークショップ，フォーカス・グループ・インタビューや市民陪審手法なども試みられている．なお，韓国でのインタビューでは，STS研究者の間では，手法研究への関心はあまりないという感触だったが，これは台湾での調査でも同じであった．その理由について質問を試みたが，明らかになっていない．

台湾では，TA，参加型TAという枠組みではなく，「民主化推進」という動きの中[5]で参加型イベントが開催されている．こうしたイベントへの資金提供は，政府機関そのものによる場合だけでなく，公的資金が入った政府参加の財団などによる場合がある．なお，台湾民主化を推進した陳水扁（民主進歩党）政権から，2008年5月に馬英九（中国国民党）政権に変わったが，それによって参加型イベントへの資金提供がなくなったわけではなく，政府機関からの資金提供は継続しているとのことである．

台湾で用いられる参加型手法として，特記すべきは，討論型世論調査の利

用であろう．これはアメリカからこの手法の設計者であるフィシュキンを招いて学んでいる（熟議民主主義研究者の中にフィシュキンのところで学んだ人がいる）ことであろう．他に，シナリオ・ワークショップなども用いている．上でも触れたが，直接経験者から聞くこともあるが，コンセンサス会議のように，文献研究によって手法を学習していることも少なくない．

　参加型イベント，ことにコンセンサス会議によるイベントについては，市民パネルの代表性についての批判が日本，韓国，台湾でもある．これに対し，韓国では市民陪審手法が試みられている．この代表性の議論は，参加型TAと政策決定過程との接続に直接につながるものであり，参加型イベントのための手法選択の議論にも関わる．

5. 市民グループの討論の運営

　韓国，台湾の参加型イベント実践者とのインタビューでは，市民参加者（市民パネル）の討論の具体的運営を中心に質問した．日本における実践者として，グループの分け方，討論の進め方，市民パネルにどのように結論を出してもらうか，その方法，これらに関わるルールなどについて，課題を見出してきた．韓国，台湾でのインタビューを通じて，彼らの経験から学べるものを探るのが，これら，インタビュー調査の目的であった．その結果，日本でのやり方とかなり違う点を見出した．かなり大きな違いと考えたところを挙げよう．

　まず第1に指摘したいのは，韓国，台湾でも，ともに，市民パネルが報告書をまとめるために書記を運営事務局から提供せず，すべて市民パネルだけでまとめているということである．日本では，1998年の第1回コンセンサス会議試行から，市民パネルの議論を記録し，討論結果を報告書としてまとめるために，運営事務局から書記を提供した．これは，使える時間の長さが限られていること，また，市民パネルのメンバーがすべて文章を書くのを得意としているとは思えないことなどを配慮して，最初から，書記を提供して

きた．これは，書記の考え方などが文章に入りうるなど，市民パネルの独自性に大きく影響する可能性があるとして，日本においては，かなり悩みの種であり，批判を受けてきたことでもある．また，日本の事例では，ほとんどの過程に事務局が介在しているが，韓国，台湾での事例では，ファシリテーター以外，討論過程に事務局は全くかかわらず，市民パネルだけに任すというのも，これまでの日本の実践とはかなり異なっている．

　また，最終的なコンセンサス文書，あるいは，議論のまとめの報告書作りにおいて，日本では，市民パネルに対して，報告書の実例を示したり，場合によっては，コンセンサス文書・報告書のフォーマットを与えたりすることを通じて，最終報告書作りを容易にするようにしてきた．これに対し，韓国，台湾の事例では，報告書の実例を示すという事例はあるが，ほとんどが，すべて市民パネルにゆだねている．

　韓国の事例では，これらを可能とした背景に，時間通りに作業を済ませようとする韓国人の気質あるいは傾向（早く早く，「パルリパルリ」という表現が使われる）と，いまひとつ宿泊を伴ったスケジュールで，徹夜に近いこともできたということがあるようである．また，1998年のコンセンサス会議では，市民パネルのメンバーに入っていた大学院生が起草したものをたたき上げて報告書としたということである．台湾の事例でも，質問を3つ程度に分け，それぞれについて市民パネルの中から起草者を決め，それをまとめたものを全員でたたき上げて報告書にしたということがある．

　詳細については，さらに調査する必要があるが，運営事務局の関与をどこまで減らすことができるかは，日本においても試みるべきであろう．

　なお，ファシリテーターのふるまい方，グループ討論における発言ルール，会議の目標を合意とするか，それとも少数意見を積極的にだすことを目的とするかなど，韓国，台湾の参加型イベントの経験から学ぶべきことはまだ数多くあるのではないかと思われる．

6. おわりに

韓国，台湾の事例を参照しながら，参加型イベントにおける討論の設計・実施について見てきた．これを通じて筆者が得た，今後の手法研究のひとつの方向性を提案し，章を閉じる．

参加型 TA が制度化され，運用されていく際には，熟議の場の設営（いわゆる代表性を含め，議論参加者の構成，政策過程へのインプットの方法など）に加えて，熟議そのものの公正性・中立性，そして，熟議とその成果の質が問われ続けるだろう．

韓国，台湾の事例からも分かるように，熟議過程にイベント運営者を関与させない設計もありうるが，日本においては，これまで，実施可能性への配慮などからほとんど試みられていない．ここで触れた設計を含め，熟議の場の運営方法を多様に試みることが重要であると考える．しかし，現実の場，課題での試みには，無理がある．

そこで，筆者は，実験室的環境での手法研究を提案する．一般市民の協力を求め，現実の課題を用いなければならないが，さまざまな設計を試み，比較するというきわめて基礎的な実験研究である．迂遠だとの批判があるだろうが，今後の参加型 TA 運用の道程を考えると，この実験的手法研究の果たす役割は大きいと考えるのである．

謝辞

3 回にわたる韓国でのインタビュー調査については，Prof. Song, Sang-Yong（韓国科学技術アカデミーのシニア・フェロー，ハリム大学名誉教授）の手厚い協力を得ることによって行うことが出来た．また，台湾での調査については，神戸大学の塚原東吾氏の紹介を得て行ったものである．ここに記して，篤く感謝する．

注

1) 参加型イベントとは，若松（2010）が用いているように，参加型 TA 手法を用

いた市民参加イベントを指す．
2) 韓国については，2010年10月に1回，2011年3月に2回，それぞれ2，3日ずつインタビューを行った．台湾については，2011年2月に1回，2日にわたってインタビューを行った．これらについては，付録に対象者とインタビューした年月日を示した．
3) 2011年時点では，この言葉は，かなり多様な使われ方をしている．日本においては，この言葉は様々な市民参加の場面（一般的には，ワークショップと呼ばれることが多い）において，単なる司会者ではなく，議論・討論を円滑に進める役割を指してきたが，参加型イベントだけでなく，シンポジウムなどにおける進行役をも，こう呼ぶようになっている．
4) 韓国，台湾における民主化については，例えば，西村・小此木（2010）などを参照．
5) 日本，韓国では，STS研究者が中心にいるが，台湾の場合は，STS研究者というより，むしろ熟議民主主義研究者が中心にいるというべきかもしれない．

参考文献

西村成雄・小此木政夫 2010:『現代東アジアの政治と社会』放送大学教育振興会．
Wakamatsu, Y. 2004: "Toward Institutionalizing Participatory Technology Assessment in Japan," Paper presented at Technologies, Publics and Power, the Terrain of the 6th Framework in NZ and Beyond, Akaroa, New Zealand.
若松征男 2010:『科学技術政策に市民の声をどう届けるか』東京電機大学出版局．

[補足] 韓国，台湾へのインタビュー調査データ

第1回韓国インタビュー調査

1． 2010年10月28日：Dr. Yim, Hyun（KISTEP, Korea Institute of S & T Evaluation and Planning）；参加型イベントの実践者．

2． 2010年10月28日：以下のような4人の参加型イベント実践者・関係者へのグループ・インタビュー．なお，このインタビュー調査を調整して頂いた Prof. Song も同席．

① Mr. Han, Jae-Kak（Deputy Director, Energy & Climate Policy Institute）
彼は1998年ソウル訪問の際，出迎えから案内まですべてを世話してくれた人だった．

② Prof. Kim, Dong-Kwang（Research Professor, Institute of Science & Technology Studies, Korea University）

③ Dr. Mo, Hyo-Jung（Senior Researcher, Ewha Center for Medical Ethics and Humanities, Ewha Womans University, School of Medicine）

④ Prof. Park Jin Hee（Center of General Education, Dongguk University）

このうち，①のハン氏，③のモー氏は参加型イベント実践者，②のキム氏は参加型イベントには関与した経験があるが，実践者ではない．また，④のパク氏は関心を持ち，イベントを観察したことがあるが，実践者ではない．

3． 2010年10月29日：Mr. Lee Seung-Hwan（Director, APCEIU, Asia Pacific Center of Education for International Understanding）

イ氏は現在は離れているが，かつてユネスコ韓国委員会に在籍し，1998年からの参加型イベント実践に資金提供する立場で関与した．

これらのインタビュー調査は通訳を介し，日本語，韓国語を用いた．

第2回韓国インタビュー調査

調査のためのソウル訪問はインタビュー調査の対象者の事情から2回に分けて行った．この調査は，一人を除き，第1回調査でインタビューした人々に，さらに個別に聞き取りを行うことを目的として行ったものである．

1． 2011年3月14日：Prof. Lee, Young-Hee（韓国カトリック大学，社会学）
イ・ヨンヒ氏は参加型イベント実践者．

2． 2011年3月15日：Dr. Yim Hyun:Managing Director/Research Fellow

Technology Forsight Center, Korea Institute of S & T Evaluation and Planning
イム氏は 2010 年 10 月インタビュー調査の対象者．
 3. 2011 年 3 月 15 日：Prof. Park Jin-Hee, Dongguk University
パク氏は 2010 年 10 月インタビュー調査の対象者．
 4. 2011 年 3 月 28 日：Prof. Kim Dong-Kwang, Korea University
キム氏は 2010 年 10 月インタビュー調査の対象者．
 5. 2011 年 3 月 28 日：Mr. Han, Jae-Kak
ハン氏は 2010 年 10 月インタビュー調査の対象者．
 6. 2011 年 3 月 29 日：Dr Mo Hyo-Jung, Senior Researcher, Ewha Center for Medical Ethics and Humanities
モー氏は 2010 年 10 月インタビュー調査の対象者．
　これらの調査は，英語でインタビューした 1 のイ氏を除き，通訳を介し，日本語，韓国語が用いられた．

　台湾インタビュー調査
 1. 2011 年 2 月 14 日：Prof. Wu, Chia-Ling, Department of Sociology, National Taiwan University
 2. 2011 年 2 月 14 日：Prof. Lin, Kuo-Ming, Department of Sociology, National Taiwan University
 3. 2011 年 2 月 15 日：Prof. Lin, Tzu-Luen, Department of Political Science, National Taiwan University
 4. 2011 年 2 月 15 日：Prof. Chen, Dung-Sheng, Department & Graduate Institute of Sociology, National Taiwan University
 5. 2011 年 2 月 15 日：Mr. Chi-Ping Yang
 6. 2011 年 2 月 16 日：Prof. Tu, Wen-Lin, Department of Sociology, Cheng-Chi University
　インタビューは通訳を用いず，英語で行った．対象者は全員，参加型イベントの実践者である．

終章
科学技術への市民参加をめぐる諸課題

三上直之

　第II部で報告したナノトライや，媒介的アクターへのグループ・インタビューなど，一連の参加型テクノロジーアセスメント（TA）の試行が終了し，本研究の結果をまとめる作業に本格的に取りかかった直後，2011年3月11日に東日本大震災が発生した．この大震災，とりわけ東京電力福島第一原子力発電所の事故は，科学技術をめぐるガバナンスの前提を根底から覆す大事件と言える．原発事故による直接の被害・影響への対応は言うまでもなく，今後の原発・エネルギー政策の行方，地震・津波防災など，社会の中での科学のあり方が根本から問われるなかで，本研究で試みてきたような市民参加の手法はどのような有効性をもちうるのであろうか．この点を改めて考察する必要がある．

　本章ではまず，前章までの研究によって得られた知見をまとめる．そのうえで，東日本大震災の後で科学技術のガバナンスについていったい何が問題となっているのかを瞥見しつつ，これらの問題に対して，本書で得た市民参加に関する知見をどのように生かすことができるのかを検討する．

1. 萌芽的科学技術のガバナンスと市民参加

　本書の主要テーマの1つは，萌芽的科学技術のガバナンスにおける市民参加の可能性であった．このテーマに接近するために，第II部で詳述した参加型TAを試行し，萌芽的科学技術への市民参加をめぐる諸課題や可能性

を明らかにしてきた．

　一連の試行を通じてまず明らかになったのは，萌芽的科学技術の問題を市民参加の議論の俎上に載せる難しさである．萌芽的な科学技術は，そもそも当該技術に関する科学的知見の蓄積が不十分な段階にあるから，専門家の間でも概念の定義が未確定な部分や，基礎的な知見の不十分なところがある．本書でもいくどか触れたように，「アップストリーム・エンゲージメント」というスローガンは示されている．だが，「上流段階」で市民が話し合うとは言っても，概念の定義や基礎的な知見の不十分な中で，議論はいきおい仮説に仮説を重ねたものになりがちである．コンセンサス会議のように，一般の市民が市民パネルとして一定の結論を導き，自ら提言をまとめるというような設定を単純には導入しにくいことは，第4章で論じたとおりである．

　また，萌芽的科学技術においては，当該技術について利害関係なり専門知識を有するステークホルダーや専門家が，社会の中に必ずしも顕在化していない．そのことが，市民参加型のプログラムを試みるうえで障害となることも，本研究を通じて改めて認識されたことであった．例えば，一般の市民が専門家と対話しながら自ら提言をまとめていく市民パネル型の会議を企画する場合，市民参加者の疑問に答えたり，基礎的な情報提供を行ったりする専門家パネルをだれが担うべきであろうか．検討の対象とする技術がすでに一般社会の中に持ち込まれ，その技術に関して一定の利害関係が形成されたり論争が顕在化したりしているという状況が存在するのであれば，当該技術について知見や利害関係を有するアクターは，社会的に自ずと明らかだと言える．これらのアクターは，まさにその技術に関するガバナンスの主要な担い手，当事者でもある．ところが，萌芽的な科学技術に関しては，技術そのものが萌芽的であるとともに，ステークホルダーも「推進派対反対派」のように構造化された形では我々の目の前には現れない．フードナノテクに関する日本の状況は，まさにそのようなものである．

　こうした認識を踏まえ，それでも私たちは，いくつかの技術的な工夫を施した上でフードナノテクに関する市民参加の対話の場を企画し，実行した．

そこでの工夫は第4章で詳しく述べたので繰り返さない．その結果は，問題の構造という点でも，またステークホルダーの布置という点でも，輪郭が明確でないという点にこそ，まさに萌芽的科学技術の特徴があることを示すものであった．

少なくともフードナノテクに関して言えば，現状では「ナノ」とは，商品の高性能や高品質を指し示す肯定的な表象にも，得体の知れなさや不確実性，リスクなどの否定的な表象にもなりうる．こうした流動的な状況は，第4章で引用・分析したナノトライのグループ・インタビューでの参加者の発言からも示唆された．同じナノトライのミニ・コンセンサス会議でも，会議前半（専門家パネルに対する質問状である「鍵となる質問」を作成するフェーズ）と，会議後半（提言を作成するフェーズ）とでは，ナノ食品に対する参加者の議論のトーンに明らかな違いが見られた．これは，媒介的アクターに対するグループ・インタビューでも指摘された主要な論点の1つである．もちろん，ミニ・コンセンサス会議におけるこの議論の転回を，市民パネルが専門家の説明に誘導されたと解釈するのは単純にすぎよう．最初の質問状は必ずしもフードナノテクに対する懐疑的な視点だけを強調したものではなかったし，逆に，最後の提言もナノテクの食品への応用にもろ手を挙げて賛成するという類いのものではなかったからである．しかし少なくとも，「ナノ」をめぐって，ナノトライのミニ・コンセンサス会議やグループ・インタビューの参加者の意見が，激しく揺れる振り子のようにポジティブなイメージとネガティブなイメージとの間を行き来していることは明らかであった．フードナノテクの研究開発，製造，流通などに潜在的に関わる企業や研究機関は，すでに日本でも相当数に上るであろうが，市民の意識がこのように流動的である中で，自ら積極的にフードナノテクのステークホルダーとして発言，発信することをためらう状況にあることは想像に難くない（Tachikawa 2012）．

これら様々な困難がある一方，ナノトライを始めとする試行においては，萌芽的な段階にある科学技術への市民参加が有する可能性も見てとることが

できた．ナノトライにおいては，上記の限界を抱えつつも，研究開発の当事者と一般の市民とが対話する場を設けることで，研究者の開発するシーズと消費者のニーズとが出会う場が生み出された．研究者にとって，これまでもっぱら頭の中で思い描いていた「市民の声」の実態に，ごく限られた時間や人数ではあるが，初めて直接に触れる機会となり，これが彼らに一定のインパクトを与えたことは，イベント終了後のインタビューからも示された通りである．もちろんこれだけでは，話し合われた内容が，研究開発の方針や政策形成の動向に反映されるなどの意味で，目に見える形でガバナンスに寄与することはない．しかし，少なくとも言えることは，ナノトライに参加した専門家は，このプロセスに参加することで，名実ともに市民参加の相手方となるステークホルダーとなった，ということである．不確実性をはらむ新しい技術が，「市民」に開かれた形をとらずに普及することは，遺伝子組換え作物・食品をめぐる論争を見ても明らかなように，今日ではまず考えにくい．フードナノテクをめぐっても，それがもしかりに広く実用化されるのであれば，いずれかの段階で市民の関与を行わざるをえない状況が生まれてくるはずである．萌芽的科学技術のガバナンスにあっては，未分化な状態にあるステークホルダーを顕在化させていくこと自体も，市民参加プロセスの重要な役割であると言えるかもしれない．

　このステークホルダーの顕在化も含め，萌芽的科学技術への市民参加のプロセスは何か特定のプログラムを1つ実施したら済むというものではないというのも，今回の試行が示す主要な論点の1つである．言いかえれば，異なる参加者やテーマ設定からなるプログラムを状況に合わせて用意し，それによって市民の関与の可能性を漸進的に広げていくようなプロセスが求められる．本書で報告した対話の試行も，初めから明確に意図したわけではないが，結果的にはまさにそのような展開をたどっている．

　具体的に振り返ってみると，ふりだしは2008年，ミニ・コンセンサス会議をはじめとするナノトライの実践であった．ナノトライの3つのイベント（ミニ・コンセンサス会議，グループ・インタビュー，サイエンス・カフェ）

終章　科学技術への市民参加をめぐる諸課題

で示された市民の声をいかにしてガバナンスに接続しうるかを探るなかで，2010年に媒介的アクター（この場合は消費生活アドバイザー・コンサルタント）へのグループ・インタビューを試みることとなった．また，この2つのプロジェクトと並行して，2009-10年頃，本書の編者である立川が参加する別のプロジェクト（I2TAプロジェクト）では，フードナノテクの専門家を集めたパネルによるTAが進行していた．ナノトライから媒介的アクターへのグループ・インタビューへと至る研究プロジェクトの流れと，専門家パネルを中心としたI2TAのフードナノテクのプロジェクトとは，チームも予算も別個のプロジェクトであったが，メンバーが重なっていたこともあり，実際には互いに情報交換や連携をしながら進められていった．要するに，2008年からの3年ほどの間に，コンセンサス会議を中心とするナノトライ，専門家パネルによる評価，そして媒介的アクターに対するグループ・インタビューという3つのプロジェクトが，時間的に一部オーバーラップしながら，連続的に展開したと見ることができる．その過程でなされていたことは，状況に応じて実施可能なプログラムを検討し，関係するステークホルダーや専門家を顕在化させてネットワークをつくる一方で，ガバナンスへの市民関与の可能性を漸進的に広げていくという作業であった．

　こうした順応的（adaptive）なプロセスデザインの好例が，ナノテクのTAで取り組みが先行している欧州にある．後述するように西欧諸国にはTAを専門とした政府機関があるが，スイスのTA機関であるTA-SWISSでは，2000年頃からナノテクを対象としたTAのプロジェクトを断続的に実施している[1]．

　TA-SWISSがナノテクについての調査に着手したのは2000年である．2003年には専門家中心のTAの結果をまとめた報告書「医療分野におけるナノテク」がまとまっている．この過程で，ナノテクの応用にあたっては市民の声を聞く必要があることが示唆され，グループ・インタビューの方法を用いた参加型TA（publifocus）の実施が検討される．この参加型TAのアイデアは，2005年にいったんは「時期尚早」として見送られるが，2006年

に「ナノテクと健康・環境」と題したpublifocusが実現した（Burri 2007; Burri and Bellucci 2008; TA-SWISS 2006）．これは，国内4都市での一般の市民を集めたグループ・インタビューと，経済・産業団体，労働組合，消費者団体などの各種団体の関係者16人を対象としたグループ・インタビューからなるものであった．この参加型TAの結果，市民の声は全体としてナノテクに肯定的であり，とくに新素材や医療などへの応用可能性については評価が高いことが示された．その一方で，食品への応用に対しては不安の声が根強くあることも明らかになった．そこでTA-SWISSでは，次に「食品分野におけるナノテク」をテーマとして専門家中心のTAを行うことになった．その報告書は2009年にまとまっている（TA-SWISS 2009）．

　しかもスイスでは，こうした継続的なTAの取り組みが，ナノテクのガバナンスに実際に影響を与えている様子がうかがえる．例えば，連邦議会ではフードナノテクに関する2009年の報告書をきっかけに，科学委員会などにおいて議員が政府に対応を求めるなどの反響があったという．また，それに先立つ2008年に連邦政府が作成したナノテクに関する行動計画においても，多様な関係者・市民の対話やTAの重要性，TA-SWISSのナノテクに関するTA活動に触れられている．

　このように，対象は必ずしも食品・農業分野への応用には限らないが，専門家によるTAと参加型TAを段階に応じて使い分け，テーマの焦点も，個別分野への応用や，ナノテク全体というようにプロセスの進展に応じて切り替えながら，TAのプロセスを進展させてきていることが見てとれる．本書で報告した試行と合わせて，萌芽的科学技術への市民参加やTAのプロセスのあり方を検討する上で参考になるものと言えよう．

　ガバナンスの形成（未形成）状況に応じて，萌芽的科学技術への対応を前進させていくには，多様なステークホルダーや市民参加者を巻き込みながら，柔軟にプログラムを組み立てていくコーディネーターが必要である．上に例を挙げたスイスをはじめ，西欧の多くの国には，新しい科学技術の社会的な影響を，市民参加による議論も行いながら評価し，政策形成のための参照情

終章　科学技術への市民参加をめぐる諸課題　　　171

報として発信・蓄積することを担う，独立機関（TA 機関）が置かれている．日本ではこれに直接対応する組織・機関は存在せず，これまでのところ，この種の活動は，今回の私たちのように，科学技術社会論などの研究者が自らの研究の一環としてプロジェクトチームを組み，アドホックに取り組んできたのが現状である．市民参加型の対話プロセスの設計や運用を担いうる人材の育成，確保も含め，新たな科学技術への順応的なガバナンスの形成をプロセスの専門家として支援できる人材と組織が，日本でも本格的に求められている．その体制づくりを考える上では，本書の第 7 章で検討されているアジアでの経験も，貴重な参照例となるだろう．

2. 大震災後における科学技術ガバナンスと市民参加

　さて，設計・構想の期間を含めると，約 4 年間に及ぶフードナノテクに関する社会実験のプロセスに一区切りをつけ，前節のような総括をまとめつつあったところで，東日本大震災が発生した．福島第一原発の事故は，この国における科学技術の研究開発と利用，その社会的な制御，つまりは科学技術ガバナンスにおける決定的な敗北であった．本書で対象としてきた科学技術のガバナンスや，それへの市民の参加を論じる土台が，根本から覆る事態が生じていると考えるべきであろう．拡散した放射性物質が，この先，住民の健康や地域環境にどのような影響を及ぼすのか，汚染地域の回復にどれだけの時間がかかるのかも，現時点で確かな予測はできない．またこの事故を契機として，今後日本において原子力発電をどのように扱っていくべきなのかという問題も，避けられない課題として存在している．こうした状況と，本書で見てきた市民参加型の手法とはどのような接点を持ちうるであろうか．
　東日本大震災と福島第一原発事故の後，2011 年 8 月に閣議決定された国の第 4 期科学技術基本計画は，「東日本大震災，特に東京電力福島第一原子力発電所の事故によって，我が国のリスクマネジメントと危機管理の不備が明らかとなり，これが科学技術に対する国民の不安と不信を生んでいる」と

し，「国民の政策過程への参画，リスクコミュニケーションも含めた科学技術コミュニケーション活動を一層促進する」方針を示している．その上で，約3ページを費やして，科学技術政策の立案・推進への「国民参画」の促進や，科学技術が及ぼす社会的な影響やリスクの評価に関する取り組みの強化，科学技術コミュニケーション活動の推進などの方策を掲げた．この中には，国民との幅広い合意形成を図るため，TAを活用することも盛り込まれている．

　本書で論じてきた科学技術ガバナンスへの市民の関与というアジェンダが，今や，政府の科学技術政策の基本的方針というレベルでも，明確に打ち出されるようになっているわけである．その一方で，本書のとくに後半で報告してきた諸々の手法が，現在の課題にそのまま使えるのかについては，慎重な検討が必要である．本書で扱ったのは，萌芽的な科学技術のガバナンスに対して，テーマに直接の関わりの薄い一般の人々がいかに関与できるかという問題であった．萌芽的科学技術を対象にするがゆえの難しさについても，すでに検討した通りである．これに対して福島原発事故の場合は，例えば放射性物質による汚染の影響など，科学的知見が不確実な面がある点は共通だが，萌芽的な科学技術とは異なり，問題の存在自体はだれの目にも明らかであり，ステークホルダーもかなりの程度，特定されている．本書で論じた市民参加の話とは，かなり文脈が異なる．まずはこの点を念頭に置くべきである．

　その上で，例えば今回の事態を受けての原子力の長期的な取り扱い，エネルギー政策の見直しといったテーマについては，すでに「国民的議論」の必要性が広く言われており，まさしく市民参加が求められる領域である．本書第7章でも触れられているように，2012年夏には，将来の原発比率を主な焦点として，討論型世論調査（Deliberative Polling）の手法を用いた市民参加の試みが政府主催でなされた[2]．この討論型世論調査は実質的な準備期間が1カ月ほどしかなかったため，市民参加のプロセスとして満たすべき品質，例えば情報提供の公平性や，参加者募集の妥当性などを確保できていたかについては，課題が残っている[3]．それでも，従来一般的に用いられてきたパ

ブリックコメントや意見聴取会に加え，無作為抽出で募った一般の市民を対象とした参加の機会が，公式の政策形成のプロセスに導入されたことは積極的に評価されるべきであろう．少なくとも，本書で論じたような市民参加の手法が本格的に導入されることになったという点でも，今回のエネルギー選択の議論は科学技術のガバナンスにとって1つの大きな画期であったと言えよう．

この討論型世論調査の実施過程やその評価については，改めて詳しく検討する必要があるが[4]，ここで問われているのは，政策に反映すべき「民意」なり「市民の声」をいかに可視化するのかということである．この点で言えば，第4章で報告したナノトライの試行は，まさにそのための具体的な手法を構築しようとするものであった．

熟慮を経た「民意」を可視化すると言っても，そうして取り出された民意自体が，じつは一定の利害・関心に方向づけられ，誘導されたものではないか，という疑いが強まっていることも見過ごすことはできない．福島第一原発での事故を契機に，過去に各地の原発計画に関して地元で開かれた説明会やヒアリング等において，計画推進の意見を誘導する「やらせ」が行われたことが，相次いで明るみに出ている．こうした事態を日々目の当たりにしていると，ある種のシニシズムが強まってくるのも無理はない．すなわち，様々な市民参加の方法を用いて対話の場を設定したとしても，そこで得られるのは操作され，偽装された民意でしかなく，「民意」や「世論」と思われているものは，所詮，その多くが作為的な誘導の産物である，と[5]．そうしたシニカルな視点から見れば，本書で検討してきた諸々の参加型手法も，原発に関する説明会での「やらせ」とは次元が異なるにせよ，結局は恣意的な形で「民意」を作り上げる方法でしかない，ということになる．政府が2012年夏に導入した討論型世論調査をめぐっても，例えばマスメディアの報道などで同様の懐疑的な論調が数多く見られた．

もちろん，確実な民意がどこかに存在していて，あとはそれを探り当てるための方法さえ整えれば，民意は明らかになるという見方は，あまりに素朴

で楽観的にすぎる．選挙にせよ，世論調査にせよ，その結果を安直に「本当の民意」と捉えるのではなく，これらの制度がいかなるからくりで民意を生み出しているのかという醒めた視点は，現在ますます必要になってきている．しかし，懐疑的な視点を投げかけていれば，ことが済む訳ではない．本書で検討したフードナノテクの事例がまさにそうであるように，何らかの決定が必要であり，しかもその決定を，市民の関与を得ながら行う必要性が見えているような状況，課題においてはなおさらである．そこでは，「民意」への懐疑的な視線と同時に，政策形成，ガバナンス形成の手がかりとなる，より信頼性の高い民意を探り当てる方法を求めていく必要がある．「本当の民意」の存在を素朴に信じる楽観主義にも，民意はすべて偽装されたものというシニシズムにも陥らず，ベターな民意の生み出し方を探り当てようとする姿勢が今ほど求められている時はない，と言うべきであろう．振り返って考えるなら，これまでの原子力をめぐるガバナンスの空間には，そうした姿勢が決定的に欠けていたのではないか．

　したがって，本書で紹介したようなコンセンサス会議や，各種のグループ・インタビューの手法を用いさえすれば，市民参加型のガバナンスに寄与する意見形成が可能になる，という単純な話ではない．このプロジェクトでの市民関与のプログラム自体が，様々な難点のもとで，いわば試行錯誤を積み重ねながら進んだように，どのように民意を可視化し，ガバナンスの方向付けに活かしていくことができるのか，その方法自体を探りつつ，少しずつ前進していくことでしか，市民が関与して，とりわけ萌芽的な科学技術へのガバナンスを構築していくことはできないと言うべきであろう．

3. ガバナンスの形成と科学技術コミュニケーション

　ここまでの記述では必ずしも中心には据えられてこなかったが，本書には，1つ重要な隠れたキーワードがある．それは「科学技術コミュニケーション」である．本書は，フードナノテクという具体的な領域を取り上げつつ，

萌芽的科学技術をめぐる科学・技術と政策と市民の間の相互作用について見てきた．この相互作用は，広義の参加型 TA の試行に取り組んだ第 II 部の報告からも見てとれるように，直接には，研究開発を担う研究者や企業関係者，行政担当者，消費者団体，様々な関心・立場を持つ市民などの間でのコミュニケーションという形をとる．そうしたコミュニケーションが，どのような社会的な文脈に置かれ，具体的にどう設計され実践されれば，フードナノテクという萌芽的科学技術にとって有意味なものになるのか．ナノトライから，その後の媒介的アクターに対するグループ・インタビューに至る参加型プログラムの試行は，まさにそのような科学技術コミュニケーションの実験であった．

とはいえ，こうした活動は，一般に「科学技術コミュニケーション」という言葉から連想されるものとは距離がある．科学技術コミュニケーションとは，科学技術の話題について，その道の専門家や専業のインタープリターやジャーナリストが，一般の人々に分かりやすく伝えること，と捉えられるのが普通である．本書で報告した諸々の試行は，そうした枠組みに収まりにくい．しかし，とりわけ萌芽的な科学技術や，社会的な論争をはらむ科学技術に関しては，専門家と一般の人々の間での一方通行的な情報伝達を進めるだけでは，コミュニケーションとして十分ではないだろう．何のためのコミュニケーションか，という観点にもよるが，社会的な争点になりうる科学技術をめぐって，将来的により良いガバナンスを形成することにつながるコミュニケーションを求めるのであれば，多様なステークホルダーが試行錯誤しつつ対話し，問題の所在を明らかにしていく過程が必要不可欠である．少なくとも，そうしたものも含めて，科学技術コミュニケーションと呼ぶべきであろう．そうしたコミュニケーションを経てこそ，科学技術への信頼も醸成されるはずである．

研究開発の当事者や政策担当者の側が伝えたいことを，見栄えの良い映像や印刷物に乗せて伝えることは，理解増進のための説得活動，宣伝活動としては十分かもしれないが，分かち合いという本来の意味でのコミュニケーシ

ョン全体の視野から見れば，ほんの一部をなすものでしかない．とりわけ，萌芽的な科学技術や，社会的論争を含む科学技術をめぐって本当に必要なコミュニケーションは，情報を一方通行に滑らかに伝達する，というものばかりでなく，本書で報告したナノトライや，その後のグループ・インタビューがそうだったように，あえて対立や齟齬の生じる対話の空間をつくり出し，その中で知識や経験を共有しながら，新たな認識を生み出していくタイプのコミュニケーションである．つまり，本書で見たような萌芽的科学技術のガバナンスを模索する取り組みも，科学技術コミュニケーションの，1つの主要な要素となるべきものであろう．

　冒頭で引用した科学技術基本計画でも，「科学技術コミュニケーション」というキーワードは挙がっているのだが，それはまだ，ここで言う伝統的な意味に限定して用いられているように読める．科学技術コミュニケーションについて主に触れた「社会と科学技術イノベーションとの関係深化」の節では，政策の企画立案や推進への国民参加の推進，テクノロジーアセスメントをはじめとするELSI（倫理的・法的・社会的問題）への取り組み，といったキーワードは挙がっている．ところが，そうしたものとは相対的に別建てで，「科学技術コミュニケーション活動の推進」が掲げられている．

　こうした構成になっている意図としては，前者は，政府の科学技術政策の形成・推進に国民がいかに参加すべきかの問題であるのに対し，後者の科学技術コミュニケーションは，政府だけでなく，大学や公的研究機関，個々の研究者も含む多様な担い手が取り組むべきものだという区分があるのだろう．その論理は一応理解できる．しかしこの整理に違和感が残るのは，両者がそれほどくっきりと分別できるのか，という疑問が生じるからである．まず，前者にも科学技術コミュニケーションの要素が多分に含まれている．別の言い方をすれば，直前で確認したように，政策形成に向けた市民参加型の対話は，科学技術コミュニケーションの重要な一形態である．逆に，政府以外の主体が取り組む科学技術コミュニケーションも，それこそ本書を通じて論じてきた，多様なアクターで形成していくガバナンスという観点から言え

ば，長い目で見れば，科学技術政策を方向づける重要な活動だということになる．そうした科学技術コミュニケーションの場で起こっていることは，まさしく広い意味での「科学技術への市民参加」なのである．

科学技術コミュニケーションと，ガバナンス（政策形成）への市民参加とは切っても切れない関係にある．3月11日の後，危機的な状況にある科学技術のガバナンスのこれからを考えるとき，科学技術をめぐるガバナンスの形成に関する研究と，ここで述べるような意味での科学技術コミュニケーションの研究・実践とのさらなる協働や相互浸透が求められる．本書は，その1つの足がかりの提示でもある．

注
1) 以下の経緯は，TA-SWISS のセルジオ・ベルーチ事務局長らに対するインタビュー（2010年3月10日実施）で得た情報に基づく．
2) エネルギー・環境の選択肢に関する討論型世論調査の実施概要と調査結果については，調査報告書（エネルギー・環境の選択肢に関する討論型世論調査実行委員会 2012）を参照．
3) 問題点の詳細は，エネルギー・環境の選択肢に関する討論型世論調査第三者検証委員会（2012）を参照．
4) 概要については，さしあたり小林（2012）を参照．
5) 各種の世論調査や PR の手法が，「民意を偽装し，調達し，操作する」ツールとなる危険性については斎藤（2011）を参照．

参考文献
Burri, R.V. 2007: "Deliberating Risks under Uncertainty: Experience, Trust, and Attitudes in a Swiss Nanotechnology Stakeholder Discussion Group," *NanoEthics* 1: 143-154.
Burri, R.V. & S. Bellucci 2008: "Public Perception of Nanotechnology," *Journal of Nanoparticle Research* 10: 387-391.
エネルギー・環境の選択肢に関する討論型世論調査 第三者検証委員会 2012:『「エネルギー・環境の選択肢に関する討論型世論調査」検証報告書』．
エネルギー・環境の選択肢に関する討論型世論調査 実行委員会 2012:『エネルギー・環境の選択肢に関する討論型世論調査 調査報告書』．
小林傳司 2012:「『国民的議論』とは何だったのか：原発をめぐる市民参加のあり方」『アステイオン』77: 192-208．

斎藤貴男 2011:『民意のつくられかた』岩波書店.

Tachikawa, M. 2012: "Uncertainty of, and Stakeholder Response to, Emerging Technologies: Food Nanotechnology in Japan," *Ethics in Science and Environmental Politics* 12: 113-122.

TA-SWISS 2006: *Public Reactions to Nanotechnology in Switzerland: Report on publifocus "Nanotechnology, Health and the Environment"*.

TA-SWISS 2009: *Nanotechnology in the Food Sector*.

ナノトライ　ミニ・コンセンサス会議
市民パネルから専門家への食品ナノテクノロジーに関する鍵となる質問

2008年9月6日

ナノトライ　ミニ・コンセンサス会議
市民パネル一同

1. そもそもナノにする必要性はあるのか

食品をナノサイズに加工するのは，難しいことだと思えるのだが，わざわざ加工することにどのような必要性があるのだろうか．技術が先行し，ニーズが後付けなのではないだろうか．食品のナノ化は誰が，何の食品でどのように始めたのか．その歴史も含めて説明していただきたい．

現状では，ナノ化した食品が細胞に取り込まれる詳しいメカニズムをはじめ，分からないことが多すぎるのに商品化が進んでいるように思える．

2. ナノのメリット

(1) ナノ食品の最大のメリットとは何か．
(2) 消化吸収が良くなるということは，機能性食品の機能性がより高まるのか．
(3) GM食品でも同様の研究（鮮度維持など）があるが，その上，ナノテクノロジーで研究する利点はあるのか．
(4) 具体的にチューブわさびのナノ化による変化・利点は何か．

3. ナノのデメリット

ナノテクノロジーという食品加工技術が人間にとって安全なのか危険か，まだ分かっていないということが分かったが，やはり，本当に安全なのかどうか知りたい．今，それが分からないのだとしたらそれはなぜか．

具体的には，アレルギー物質はナノになってもアレルギーなのか．粉が喘息（ぜんそく）につながるのではないか．

4. 許認可・規制～ナノテクノロジーに関わる行政の取り組み

「ナノ食品」というときの「ナノ」という言葉が拡散している印象がある．食品のことでは，「表示ラベル」に「ナノ」と書いてある時，その言葉は「本当の」ナノなのか疑わしい．ナノと呼ばれるための規格・標準化・用語の定義を早急に進めるべきだ．それも国際規格で進めるべきだ．というのも輸出入のことがあるからだ．現状の日本政府及び国際機関における「ナノ」の規格づくり，標準化，そして客観的な評価尺度の構築の進み具合を教えていただきたい．他国の「ルールづくり」も知りたい．

政府はどのような方法でナノ食品を広め，発展させていく意図があるのか．

5. ビジネス・地場産業

(1) ナノ食材の開発について
① 実際の開発の現場では，どこまで開発が進んでいて，今，何をしているのか．
② 一般の市場や，飲食業界にはどこまで普及しているのか．
③ どんな企業が狙っているのか．
④ ナノにすることで，コストが安くなるのか．
⑤ 政府や企業は，ナノテクノロジーにどの位お金をつぎ込んでいるのか．

(2) ビジネス，地場産業に活かす方法

北海道の景気 UP につながる産業はないか．

　　（例）・そば粉・小麦粉に利用すれば，話題（道の産業）になる
　　　　・北海道の活性化に使えるナノ食材は何か
　　　　・ナノ食材（道産の）を使ったレストラン経営
　　　　・地酒の開発

6. 食文化

(1) ナノ食品には食感や食味の変化があるというが，味覚，かみごたえなど，機能，栄養価以外でのメリットや魅力はあるのか．おいしさを失うことはないのか．

(2) 食材として食品に利用される場合，摂食する人間が，ナノ食品を認識せずに口にしてしまうことが，倫理的に問題はないのか．また，それを防ぐための表示義務をどの機関がどのような規制を作るのか，あるいは現時点でもある

のか.
　(3)ナノ食品による食習慣,食文化への影響はないだろうか(消化吸収の良さから満腹感の喪失やかまなくなってしまうおそれ).

7. ナノの未来
　(1)世界的な食料危機が訪れる中,いままで食べられなかったものをナノ化で食べられるようにならないか.
　(2)ナノ食品を食べ続けることで人間の味覚は衰えないのか.
　(3)「未来の食」は生命を維持するためだけのものか.私たちが食べたくなる「ナノ食品」を作ってほしい.
　(4)食全体の中で,ナノテクノロジーが将来的にどのような位置を占めると専門家は考えているか.

「未来の食」への注文
〜ナノトライ「ミニ・コンセンサス会議」からの提言〜
ナノテクノロジーの食品への応用について

2008年10月5日
ナノトライ「ミニ・コンセンサス会議」
市民パネル一同

　私たち10人の市民パネルは，今回のミニ・コンセンサス会議において，食品へのナノテクノロジーの応用について，様々な立場の専門家の話を聞きながら考え，議論しました．ナノテクノロジーは私たちが食べたいものをつくってくれるのか，ナノテクノロジーの食品への応用の現状をふまえて，私たちは「未来の食」に何を求めるのか，といったテーマについて，のべ3日間，約24時間にわたって，10人で話し合いました．

　2008年9月6日の会議1日目では，食品とナノテクノロジーの関わりについて，基礎的な情報提供を専門家から受け，そこで感じた疑問や問題点を，「鍵となる質問」としてまとめました．10月4日，5日に行われた会議2日目，3日目では，この鍵となる質問に沿って，4人の専門家の方々と質疑応答・意見交換を行なったうえで，10人の市民パネル全員で，疑問や意見を出し合い，議論しました．そして，この提言文書をまとめました．

　ナノトライ　ミニ・コンセンサス会議の3日間の議論に基づいて，私たち市民パネルは，ナノテクノロジーの食品への応用に関して，次のように提言します．

第1章　食べることは生きる歓びであり，生きる原点

　「食べるということ」それは，人間の命を支える根源的な行為であり，何世紀にもわたって，各民族が固有の食文化を守り続けてきました．噛むことで，おいしさを感じ，おいしいものを食べることで，幸せな気持ちになれます．
　食品の保存を目的とした原始的な食品加工（例えば，干す・漬けるなど）は，

食材の原形が分かる状態なので，見た目で味や食感を想像することができます．
　ナノテクノロジーなどの新しい食品加工の技術が発達することで，食材を簡単に想像できないタブレット，ゼリー，液体でも栄養が摂取できるような商品も登場しました．これは，健康上の問題で消化機能がおとろえている人には福音である反面，見た目の味わいがなく，噛み応えのない，無味乾燥な食事が3食になる可能性も考えられます．食べることは生きる証．毎日，おいしいと感じられる食事を楽しみたいので，ナノ食品にもこの歓びを確保することを願います．
　食育や地産地消がうたわれていることもあり，時間をかけて，素材からゆっくり調理したものを家族と食べたいと思います．しかし，今の生活環境では，親も子も忙しく，半調理品なども利用しながら，食事の準備を短縮している現状があります．食事を作る労力を軽減しながら，おいしく安全な食事ができる商品開発を望みます．付言すれば，ナノ食品の研究・開発は，私たちの調理・食事場面への影響・変化のみならず，食卓に食品が届くまでの流通や保存といった食品を取り巻くプロセス全体への影響も予想されます．一例としては，食品鮮度の維持が飛躍的に向上することで，とれたての味を産地でなくても食べられる可能性を秘めています．その反面，地域風土と食材との結びつきが薄れるかもしれません．
　食物加工におけるナノテクノロジーを考えることで，食文化全体を見直すきっかけにもなるのではないのでしょうか．

第2章　安全性の確立にむけて

1.　ナノ食品の定義や基準の整備が必要

「ナノ食品」とは何かをはっきりとさせるため，たとえば，本提言では，「ナノ食品」を以下のように定義します．

(1) 食品自体のサイズがナノサイズであるというときには，一辺が100nm以下であるもの
(2) 食品自体ではなく，食品加工，製造過程の段階でナノテクノロジーを利用したもの
(3) 食品包装や容器にナノテクノロジーを利用しているもの

まず，責任ある専門機関によって，しっかりと定義していただきたいです．実際には，計測技術などの点で困難を極めることは予想されますが，ISO などのような国際基準（研究の進展による最新データを反映できるアップデート形）を作っていただきたいです．

2. 消費者が安心して選択・購入できるためのナノ食品の表示の工夫・認証機関による認定

成分表示，製造過程，使用目的（消化・吸収の促進のためなど）の3項目の表示を明確化してほしいです．

安全性の認知など現段階では一般消費者の理解は不十分なので，ナノ食品と知らずに摂取することを防いでもらいたいです．

生理的に変化がおきそうな食品には警告表示を明示する規制をするべきです．

安心して購入できる統一規格としてのナノマークや段階別表示（類：JAS マーク，ミシュラン）を導入してほしいです．

3. 消費者の声が反映されるシステム

消費者が，従来のように「受け身」で消費するのではなく，「能動的」に製品のあり方について，ナノ食品の開発者と一緒に考え，ナノ食品の将来的ビジョンを打ち出すことのできるシステムを作ることを企業や大学・研究機関に望みます．

4. 安全な労働環境の確保

ナノ食品の製造に関わる労働者の安全性を確立することは，食品購入場面における消費者の安全性確保とは異なる見地からルール作りがなされるべきです．

まず労働者の健康影響についての継続的な調査が行われるべきです．

また，非意図的なナノ粒子の摂取が労働者においては懸念されますが，その場合，雇用者側による正確なリスク情報の提供や安全教育の実施などが義務化されるべきです．それにより，労働者の「自発的な」リスクコントロールが確保できるはずです．

第3章　情報公開

1. 企業への提案

　企業には，ナノテク利用の実態の公表を求めます．企業の論理として，特許やノウハウの公表が難しい面はあるでしょう．また，ナノテクを前面に出す必要がないという判断もあるかも知れません．しかし，社会的なコンセンサス（合意）を得ようとするならば，積極的に製品情報の開示を行い，透明性を向上させてほしいです．消費者は，ナノテクの食品への利用について，その是非を判断できるよう，説明，広報していくことを望んでいます．

　リスクとベネフィット（便益）の両方を企業がどれだけ積極的に開示できるかが市場競争を勝ち抜けるかどうかの分かれ目と考えます．つまり，公的機関から「安全」というお墨付きをもらうのをただ待つばかりではなく，企業自らリスク評価をし，それに基づく対策と情報の開示を実施するという戦略的情報開示のスタンスが大きなビジネスチャンスにつながると思います．そうすることで，企業イメージが良くなり，結果的に消費者の信頼を勝ち得，企業の収益に結びつくでしょう．

2. 公的機関への提案

　公的機関やNPOなどには，多くの情報を集約し，広く発信することを求めます．消費者が「知りたい」と思った時に，容易にナノ食品について情報を得るためのアクセス環境を整備することが望ましいです．

第4章　私たちの願うもの望むもの

　今より豊かな生活のための食品を，ナノの特性を十分に生かした形でつくってほしいです．

　ナノ食品の進展のために，人体の生理機構に立ち返り，研究をすることが必要と考えます．そのメカニズムが解明される中で，ナノ化できる食品の範囲も，ナノ化の方法も定まっていくでしょう．

　メカニズムが解明された上で選ばれるのは「食べる歓び」や「消化・吸収」を助けるナノテクノロジーであり，それを超えるものや反するものではないと

思われます．
　その前提の上で私たちが望む食品には次のようなものがあります．

1. 味・風味・食感などの充実
(1) 人間が本能的に持っている食べることの「歓び」を実感できる食品
　　・噛む力がないとか，消化器系の病気の方でも，おいしく感じられる味と食感の実現
(2) 風味や新鮮さが長く保たれ，できたての弾力を維持できる食品
　　・無添加のパンなのに，日数がたってもやわらかさが維持できる
　　・大福やおもちにラップなどしなくてもやわらかさが維持できるなど
(3) もちもち感やしっとり感のある新しい食感の実現

2. 吸収率の改善
(1) ナノ化した栄養素を添加し，吸収率を向上させた食品
(2) 機能性食品や栄養補助食品など，成分吸収率向上により，摂取量が少なくても，機能を果たす食品
(3) 単品の栄養ではなく複数の掛け合わせにより，相乗効果を狙った食品
(4) 多種の栄養素を摂取できるように，炭水化物に北海道の特産物（魚・昆布・じゃがいも・とうもろこし・アスパラなど）をナノ化したものを混ぜ込んだ食品

3. 外気や菌などから食品を守る技術
　天然自然成分を使いナノサイズにした被膜を作り，菌の繁殖を遅らせる，もしくは賞味期限を引き延ばすことのできる食品
　　・スプレーするだけで，被膜が食品を覆い，O-157などの菌の繁殖を防いでくれるもの

4. 従来は廃棄されていた食材をナノ化により，利用できるようにする技術
　従来の工法・技術では，人間が栄養物としては摂取できずに廃棄されていた物質を，ナノテクノロジーを利用し，世界的な食糧危機を回避できる新たな食品

第5章　未来の食に親しむ～ナノ・アート教育～

食べるということは，本提言第1章で触れたように，命の根源に関わることです．そして，科学技術の進歩によって，食生活が日進月歩で変化していく可能性があることを認識しました．そこで，すべての人々にとって身のまわりの科学技術，とりわけ食への応用について，知る権利があり，教育していく必要性を感じます．広い意味での科学教育，アート教育として，次のような具体例を挙げます．

1. 学校教育の場面で

学校教育の中で，理科，家庭科，保健体育科などの科目において，科学技術，食育，人体のしくみに関連付けて，ナノテクノロジーを教科横断的な素材として取り扱ってはどうでしょうか．またその実例として，学校給食の食材への関心を高めます．総合的な学習の教材としての活用も考えられます．

2. メディアを積極的に活用した教材

学校教育の場面以外でも，インターネットのホームページなどさまざまに活用できるよう，メディアを利用した教材を製作，発信していってほしいです．

3. 子どもが感じ，親しめるような，身近なアートとしての素材

「遊びながら，ナノに触れる」をコンセプトに，ナノテクノロジーを題材とした遊具を製作することを望みます．例えば，「ナノトランプ」「ナノカルタ」はどうでしょうか．カードには，ナノ食品の歴史や，象徴的なデザインを入れ

図　ナノトランプのイメージ

ていくことで，見て楽しめ，遊ぶうちに身につくものになると思います．さらにナノテクノロジーという新しい概念は，芸術として高めうる可能性をも秘めているのではないでしょうか．上質で，心の琴線にふれる表現によって，ナノが身近なものであることを印象づけられれば，すばらしいと思います．

4. 専門家と市民＝消費者の間に立つ人間の養成

　この分野が，領域横断的であり，1つの分野の専門家だけでは全体を俯瞰できないことは明らかです．こういう分野では，とりわけ市民，食であれば消費者の価値判断が重要となります．その材料を提供するためには，1つの分野の専門家では難しいでしょう．そこで必要とされるのが，多数の分野の専門家から情報を引き出せる，コーディネーターとしての存在です．コミュニケーターともいえ，そういう力をもつ人材の育成を，政策的に行うとともに，また市民の要求として必要とされるよう，願っています．

5. ナノをともに語り合える，サロン的な場の創造

　食や健康をテーマにして，専門家もふくめた市民がお互いに語り合えるサロンがあるとよいです．自由な議論のできる場が，当たり前の存在になることで，よりいっそう，ナノを身近に感じ，主体的に判断ができるようになるでしょう．

以　上

ナノトライ「ミニ・コンセンサス会議」市民パネル
［市民パネル10名の氏名＝略］

付表

フードナノテクをめぐる安全性規制関連の動き(2006年4月～2012年6月)

年月	事項	国・地域
2006.03	Project on Emerging Nanotechnologies (PEN) が"Agrifood Nanotechnology Research and Development"を発表	アメリカ
2006.06	欧州委員会　EU新規食品規則 (Novel Foods Regulation) 改正へ　一般参加の協議を開始	EU
2006.08	米国食品医薬品局がナノテクノロジー・タスクフォースを結成	アメリカ
2006.09	ナノテクの農業・食品分野応用に関する報告書（ミネソタ大・科学技術公共政策センター）	アメリカ
2006.10	米国食品医薬品局（FDA）のナノテク製品関連会議に先行し報告書を発表	アメリカ
2006.10	米国食品医薬品局（FDA）が Nanotechnology Public Meeting を開催	アメリカ
2006.11	米国環境保護庁　殺菌作用を持つ銀ナノ製品規制へ	アメリカ
2006.11	Nanoforum：ナノ食品の展望	EU
2007.02	欧州食品安全庁（EFSA）が食品安全性に関する検討課題を発表	EU
2007.03	国際食品関連産業労働組合がナノテク製品への対応に関する決議を承認	IUF
2007.07	米国食品医薬品局（FDA）のナノテク・タスクフォースが報告書を発表	アメリカ
2007.11	欧州食品安全庁（EFSA）によるナノテク検討会議	EU
2008.01	欧州委員会が「新規食品」規則改定案を提示	EU
2008.01	英国・土壌協会が有機製品のナノ粒子使用を禁止	英国
2008.01	欧州食品安全庁（EFSA）がナノテク応用およびナノ材料の食品・飼料への使用に関する専門的データを外部に要請	EU
2008.02	スイスの食品小売業者が行動規範を作成	スイス
2008.04	地球の友（FOE）が農業・食品ナノテクに関する報告書を公表	オーストラリア
2008.05	英国：DEFRAが自主報告スキームの報告書を発表	英国
2008.06	EU：「ナノ物質に対する規制的側面」発表	EU
2008.09	米国食品医薬品局が公聴会を開催	アメリカ
2008.09	アイルランド食品安全機関がナノ食品関連の報告	アイルランド
2008.10	欧州食品安全庁が意見書案を発表	EU
2008.11	世界保健機関と食糧農業機関がナノテクの食品安全への影響に関する会議開催を予定	FAO/WHO
2008.11	ドイツ：リスク・アセスメント研究所（BfR）が消費者保護フォーラムを開催	ドイツ
2008.12	欧州食品安全庁（EFSA）がサプリメントに使われるナノ銀の安全	EU

2008.12	性を問う	
2008.12	米国 ナノ食品添加物への新たな規制求める専門家（PEN）	アメリカ
2009.01	ナノテクのリスクガバナンスに関する報告（IRGC）	スイス
2009.01	PEN が食品医薬品局のナノ材料規制上の課題に関する報告書を公表	アメリカ
2009.02	英国上院　食品部門のナノテク利用動向調査を開始	英国
2009.03	欧州食品安全庁（EFSA）がナノテクに関する科学的意見書を公表	EU
2009.04	欧州議会がナノ物質の応用に関する規制レビューを求める決議	EU
2009.06	FAO/WHO 専門家会合がナノテクの食品安全への影響に関する会議開催	FAO/WHO
2009.08	ナノテク関連の日焼け止めに関する報告書が環境 NGO により公表（EWG，FOE 等）	アメリカほか
2009.11	欧州の消費者団体（ANEC・BEUC）がナノテク材料含有製品一覧を作成	EU
2009.11	EU：新化粧品規則を採択し，ナノ材料使用に関する表示を導入	EU
2009.12	FAO/WHO 専門家会合がナノテクの食品安全への影響に関する報告書を公表	FAO/WHO
2009.12	欧州 NGO（Food and Water Watch, Inc.）がナノテク製品に関する報告書	EU
2010.01	英国上院科学技術委員会が報告書「ナノテクノロジーと食品」を公表	英国
2010.01	欧州委員会は，ナノテク等の議論のため「Food Supply Chain Forum」設置を提案.	EU
2010.03	食品安全委員会（日本）：「食品分野におけるナノテクノロジー利用の安全性評価情報に関する基礎調査」を公表	日本
2010.07	EU 共同研究センター（JRC）が「規制目的のナノ材料定義に関する考察」を発表	EU
2011.03	米国大統領府による新技術規制に関する基本原則発表	アメリカ
2011.03	EU 新規食品規則案合意失敗，廃案へ	EU
2011.05	EFSA が人工ナノ材料に関するリスク評価ガイダンス文書を公表	EU
2011.06	米国大統領府によるナノテクに関する規制・監督に関する政策原則発表	アメリカ
	米国食品医薬品局（FDA）と環境保護庁（EPA）がナノテクに関するガイダンス案を公表	
2011.10	欧州委員会が「ナノマテリアル」に関する定義案を公表	EU
2011.10	EU：食品情報規則（Food Information Regulation）が採択	EU
2012.03	FAO/WHO 専門家会合が農業・食品ナノテクに関する会合を FAO 本部で開催	FAO/WHO
2012.04	FDA が産業ガイダンス案を公表（ナノテク等の製造工程変化が食品安全や規制に影響を与えるか判断するためのガイダンス案）	アメリカ
2012.06	FAO/WHO 専門家会合が各国のリスク管理・評価の現状に関する報告書を準備	FAO/WHO

あとがき

　ナノテクノロジーという用語は，もともと日本人研究者・谷口紀男氏（元東京理科大学教授）の発明によるものである．とはいえ，この用語が国際的な注目の的となったのは，クリントン政権が2000年1月に国家ナノテク・イニシアティブを発表したことに端を発する．それ以降，国際的なナノテク研究開発競争に火が付き，日本もこの中で積極的に研究開発を進めてきた．その背後には，「ものづくりニッポン」にかける日本人研究者や技術者の情熱が存在している．産業界においても，ナノテクノロジーが21世紀に，材料・エネルギー分野をはじめとする様々な分野で大きな変革をもたらすという期待がある．第2期科学技術基本計画（2001年3月30日閣議決定）では，ナノテクノロジー・材料分野が重点4分野のひとつに位置づけられ，ナノテクを前面に掲げた様々な研究推進が行われてきた．このことはアメリカなどでも例外ではなく，「ナノ・ハイプ」とも呼ばれる熱狂が生じてきたことは広く知られている[1]．

　ただ，この期待にやや懸念が混じり始めたのは，工業ナノ材料の代表的な物質である，カーボンナノチューブがもたらす健康へのリスクが指摘され始めた2000年代半ばであった．これ以降，ナノ材料から撤退する企業も現れ，ナノテクノロジーに対して，全体としてリスク・ベネフィットの両面から冷静に判断していこうという流れが生まれ始めたということもできよう．

　こうした工業分野のナノテクノロジーに対して，食品分野におけるナノテクノロジー（本書でいうフードナノテク）の動きは，まだまだ日本では一般の認知度は高くない．フードナノテクの適用分野は広く，その中には伝統的な食品の中でもナノ領域と無縁ではないものも含まれ，今後どのような形でガバナンスが進展するかは，この分野の将来を大きく左右するものとなる．

特に，遺伝子組換え食品と同様にアメリカとEUの動きの違いも徐々に顕在化しつつあり，日本として今後どのように対応するべきか，検討が迫られつつある．こうした検討の過程に，本書が提起したように市民やステークホルダーがどのように関わりうるか，日本国内でも真摯に各方面から取り組む時期が訪れているといえる．今後も次々に社会に登場する萌芽的科学技術と社会とのインターフェースを考える上で，モデルとなるような取り組みが進むことを期待している．

　序章でも述べたとおり，本書は，科学研究費補助金による6年間の研究，およびJST/RISTEXの支援によるフードナノテクに関するテクノロジーアセスメントの3年半の研究の成果に基づいている．科学研究費補助金に関しては，「ナノテクノロジーが農業・食品分野に及ぼす影響評価と市民的価値の反映に関する研究」（基盤研究(B)，課題番号：18380138，平成18～20年度）および「ナノ・フードシステムをめぐるガバナンスの国際動向とその形成手法に関する研究」（基盤研究(B)，課題番号：21380135，平成21～23年度）．また食品安全研究との関連では，京都大学農学研究科・新山陽子教授を研究代表者とする科学研究費補助金「科学を基礎とした食品安全行政／リスクアナリシスと専門職業，職業倫理の確立」（基盤研究(A)，課題番号：19208021，平成19～21年度）からの助成も受けた．JST/RISTEXによる研究助成に関しては，東京大学公共政策大学院・鈴木達治郎特任教授および城山英明教授を研究代表者として実施されたプロジェクト「先進技術の社会影響評価（テクノロジーアセスメント）手法の開発と社会への定着」（I2TA，平成19～23年度）からの研究支援を受けている．単行書としての刊行に際しては，日本学術振興会による成果公開促進費（学術図書，課題番号：255264）の助成を受けた．改めてこれらの支援に深謝申し上げる．

　また本研究の過程で実に多くの方々のご協力を得た．すべての方々のお名前を挙げることはできないが，特に，科学研究費プロジェクトの関係では，ナノトライの実践でお世話になった市民パネル，専門家等参加者の方々，グ

ループ・インタビューにご協力いただいた，公益社団法人日本消費生活アドバイザー・コンサルタント協会の皆様，また会議等の設営にご助力をいただいた，北海道大学CoSTEPの方々，またI2TAプロジェクトの関係では，フードナノテク専門家パネルにご参加いただいた専門家の方々，また傍聴者としてご参加いただきご意見等をお寄せいただいた方々に深謝申し上げる．市民と専門家，また両者を媒介する立場という，様々な視点から，フードナノテクの現状と将来に対するご意見をお聞かせいただいたことが，本書を作り上げる骨格となっている．またナノテク研究そのものに携わっておられる専門家の方々，とくに大谷敏郎氏（元内閣府食品安全委員会事務局次長），杉山滋氏（（独）農業・食品産業技術総合研究機構食品総合研究所），中嶋光敏氏（筑波大学教授），永野智己氏（（独）科学技術振興機構（JST）研究開発戦略センター（CRDS））には，この研究の企画段階より長年にわたって，専門的な見地からのご助言をいただいてきた．改めて深謝申し上げる．杉山氏には貴重な写真もご提供頂いた．研究過程においてインタビューさせていただいた開発企業や食品関係団体の関係各位にも深謝申し上げる．ただし，本書に事実誤認や認識不足があるとすれば，これらはすべて筆者自身の責任であり，読者諸賢のご叱正を賜りたい．

そもそも本書でとりあげた，フードナノテクに着目するきっかけは，2005年に遡る．編著者のひとり（立川）が，フルブライト研究員プログラムにより，ミシガン州立大学に在外研究員として赴いたが，そこで研究指導をお願いしていたLawrence Busch教授が，アメリカ科学財団（NSF）による助成金に基づき，ナノテクに関する社会倫理的影響に関する研究を進めようとしていたのである．日本側からもアメリカ側で行われるワークショップに参加するなど，研究交流がはじまり，日本側でも先述の科学研究費にもとづいて，フードナノテクの社会影響，ガバナンスの研究がスタートしたのである．2005年頃から，欧米ではこうしたナノテクをめぐる社会影響に関する研究が行われ始めていたといえる．

その後，アメリカや EU においては，第 2 章で詳述されたように，フードナノテクをめぐる様々なレベルでの議論や制度的検討がなされつつあるものの，日本においてはまだほとんど進んでいない．このことが，今後のフードナノテクの研究開発と商業化にとって，どのような意義を結果的にもたらすことになるのか，現時点ではよく分からない．ただ，現在のような何も検討しないという状況は望ましいものではないと筆者たちは考えている．

終章でも論じられているように，東日本大震災およびこれに伴う福島第一原発事故は，これまでの日本における科学技術ガバナンスの決定的敗北を象徴する現実をわれわれに突き付けているともいえる．現在の日本は，環境や食品への低レベルの放射性物質混入など，世界がこれまでほとんど直面した経験がない不確実性への対処が求められている．その意味で，現代の日本は，（既存の科学的知見を盾にして市民の懸念を押さえこむ方向ではなく）こうした状況に対して社会的合意を得るためのあらゆる創意工夫を駆使しつつ，そうした努力を通じて得られた見識を世界に示していくことが期待されている．その過程において，科学，政策形成，民主主義，市民参加などをめぐる新たな処方箋を編み出し，ガバナンスをめぐる議論に新しい段階を画すような発想が生まれてくることが期待されている．こうした現在進みつつある議論は，本書で扱った萌芽的科学技術をめぐる不確実性とガバナンス形成の問題といわば不可分の問題でもある．本書が，フードナノテクをはじめとする，萌芽的科学技術の不確実性に今後どのように向き合うのかについて，多方面からの議論に一石を投じることができれば幸いである．日本経済評論社の清達二氏には，編集などで貴重なご助言を頂きました．末筆ではありますが，厚く御礼申上げます．

立川雅司
三上直之

注
1) 詳しくは，『ナノ・ハイプ狂騒：アメリカのナノテク戦略』（上・下），D・M・ベルーベ（著），五島綾子（監訳），熊井ひろ美（訳），みすず書房，2009 年．

執筆者紹介 (章順)

松尾真紀子 (第2章)
東京大学公共政策大学院及び政策ビジョン研究センター特任研究員．1973年生まれ．東京大学大学院環境学専攻国際環境協力コース修士 (国際協力学)．Makiko Matsuo, Matsuda, H. and Shiroyama, H., "Global Governance," in *Sustainability Science: A multidisciplinary approach Vol. 1* edited by Komiyama. H. et al., UNU Publications, 2011, "The Impact of Regulatory Change on Trading Partners: Race to the Bottom or Convergence to the Top?" in K. Fukushi et al., *Sustainability in Food and Water: An Asian Perspective*, Springer Publications, 2010,「食品の安全性をめぐる国際合意のダイナミズム：遺伝子組換え食品の事例」城山英明編『政治空間の変容と政策革新 第6巻：科学技術ポリティクス』東京大学出版会, 2008年, ほか．

櫻井清一 (第3章)
千葉大学大学院園芸学研究科教授．1967年生まれ．東京大学文学部社会学科卒．農水省中国農業試験場研究員を経て現職．博士 (学術)．著作に『農産物産地をめぐる関係性マーケティング分析』農林統計協会, 2008年,『直売型農業・農産物流通の国際比較』(編著) 農林統計出版, 2011年, ほか．

高橋祐一郎 (第4, 5章)
農林水産省農林水産政策研究所食料・環境領域主任研究官．1967年生まれ．1991年東京水産大学水産学研究科博士前期課程修了．水産庁東北区水産研究所，農林水産省農林水産技術会議事務局を経て現職．水産資源の管理や組換え体の安全性等の研究に従事．著作に「社会の相互理解を進めていくための手段：市民参加型テクノロジーアセスメントとは」中央畜産会『畜産コンサルタント』2004年5月号,「ナノテクノロジーが農業・食品分野に及ぼす影響評価」農産物流通技術研究会編『2008農産物流通技術年報』, 2008年, ほか．

山口富子 (第6章)
国際基督教大学教養学部上級准教授．1962年生まれ．2004年ミシガン州立大学社会学部博士課程修了．専門は農業食料社会学，科学技術社会論．著作に『萌芽する科学技術：先端科学技術への社会学的アプローチ』(共編著) 京都大学学術出版会, 2010年, "Challenge of Nanotechnology-Derived Food in the Human Society" in Bagchi et al. (eds.), *Bio-Nanotechnology: A Revolution in Food, Biomedical and Health Sciences*, Wiley-Blackwell, 2012, "Changing Social Order and the Quest for Justification: GMO Controversies in Japan," *Science, Technology, and Human Values*, Vol. 35, 2009 ほか．

若松征男 (第7章)
東京電機大学理工学部共通教育群・教授．1943年生まれ．東京大学大学院総合文化研究科博士課程単位取得満期退学．東京電機大学理工学部助教授 (社会学担当)，同教授を経て現職．Ph.D. (デンマーク，ロスキル大学)．著作に "A Citizens' Conference on Gene Therapy in Japan: A Feasibility Study of the Consensus Method in Japan," AI & Society, Vol. 13, 1999,「科学技術への市民参加：コンセンサス会議を中心に」新田孝彦・蔵田伸雄・石原孝二編『科学技術倫理を学ぶ人のために』世界思想社, 2005年,『科学技術政策に市民の声をどう届けるか』東京電機大学出版局, 2010年, ほか．

編者紹介

立川雅司（はしがき，序章，第1,5章，あとがき）
茨城大学農学部教授．1962年生まれ．東京大学大学院社会学研究科修士課程中退，農林水産省中国農業試験場，農林水産政策研究所，茨城大学准教授を経て，2010年より現職．著作に『遺伝子組換え作物と穀物フードシステムの新展開』農山漁村文化協会，2003年，『GMO：グローバル化する生産とその規制』（共編著）農山漁村文化協会，2006年，ほか．

三上直之（はしがき，第4,5章，終章，あとがき）
北海道大学高等教育推進機構准教授．1973年生まれ．東京大学大学院新領域創成科学研究科博士後期課程修了．博士（環境学）．北海道大学科学技術コミュニケーター養成ユニット（CoSTEP）特任准教授などを経て，2008年から現職．著作に『地域環境の再生と円卓会議：東京湾三番瀬を事例として』日本評論社，2009年，『はじめよう！科学技術コミュニケーション』（共編著）ナカニシヤ出版，2007年，「コンセンサス会議」篠原一編『討議デモクラシーの挑戦』岩波書店，2012年，ほか．

萌芽的科学技術と市民
フードナノテクからの問い

2013年7月20日　第1刷発行

定価（本体3300円＋税）

編　者	立川雅司
	三上直之
発行者	栗原哲也
発行所	㈱日本経済評論社

〒101-0051　東京都千代田区神田神保町3-2
電話 03-3230-1661／FAX 03-3265-2993
E-mail: info8188@nikkeihyo.co.jp
振替 00130-3-157198

装丁＊渡辺美知子　　藤原印刷／誠製本

落丁本・乱丁本はお取替いたします　Printed in Japan
© M. Tachikawa and N. Mikami et al. 2013
ISBN978-4-8188-2278-8

・本書の複製権・翻訳権・上映権・譲渡権・公衆送信権（送信可能化権を含む）は，㈱日本経済評論社が保有します．
・JCOPY 〈（社）出版者著作権管理機構　委託出版物〉
本書の無断複写は著作権法上での例外を除き禁じられています．複写される場合は，そのつど事前に，（社）出版者著作権管理機構（電話 03-3513-6969, FAX 03-3513-6979, e-mail: info@jcopy.or.jp）の許諾を得てください．